問題解決のための数学

●わかる！確率・統計・戦略

木下 栄蔵 著

日科技連

まえがき

現在，2008年9月15日に起こったリーマンショックによる日米欧世界同時不況による経済停滞により，ヨーロッパ，アメリカの衰退，BRICsなどの新興国の台頭に象徴されるように，第三国の影響も無視できなくなってきています．

一方，国内に目を転ずれば，政局の不安，経済におけるデフレの危機，消費税を中心とした税制改革に対する混迷など様々な問題があります．このような国内外の時代の流れをいち早く察知し，問題を解決することが今の日本にとって最も重要なことです．

日本は，このような大きな時代の変化を，少なくとも今まで三度経験しました．一度目は戦国時代から徳川幕府成立まで，二度目は幕末維新，三度目は第2次世界大戦終戦時です．

徳川幕府は，国内の統一に主目的を置き，政局の安定を戦略の第一義としました．したがって，鎖国という情報遮断をあえて決行し，日本の植民地化を防ぎました．信長や秀吉にできなかったことを，家康，家光は問題を解決し，成功したと思われます．

幕末維新は，ペリーの黒船から始まり，明治政府のビルトインまでであり，その間多くの立役者が参画しました．特にこの時期，幕末と維新の立役者が選手交代しているところに特徴があります．しかし，いずれにしても，選手交代はスムースに運

まえがき

び，日本の近代化は成功しました．やはり，これらの問題は正しく解決されたのでしょう．

一方，第2次世界大戦終戦時は，大日本帝国の崩壊というカタストロフィーを経験しました．したがって，いやがうえにも立役者は交代し，しかもGHQというマニュアルのもとで改革が行われていきました．すなわち，この時期，(日本としての)真の立役者はいなかったのです．その延長線上に，高度経済成長をはじめ，日本の経済的繁栄があります．

しかし，この立役者不在のつけは大きく，この代償をいま支払わなければならなくなっています．そして，それは，種々の制約条件のなかでの問題解決であり，徳川幕府成立や明治維新の頃の問題解決に比べて，桁違いの難題であることに間違いはありません．

このような流れを経た現在，問題解決のための考え方として，数学，そのなかでも確率，統計，戦略が注目されています．本書は，確率，統計，戦略について，どのように問題解決のために用いるかという視点から，中学生から社会人の方々にまで幅広くご理解いただけるように，わかりやすいストーリー形式で解説しました．

最後に，本書の企画から出版にかかわる実務にいたるまでお世話になった，日科技連出版社の戸羽節文取締役と石田新氏に感謝いたします．

　2014年1月1日

　　　　　　　　　名城大学都市情報学部　教授　木下　栄蔵

目　　次

まえがき ……………………………………………………… iii

第1章　確率 ……………………………………………………1
問題 1　丁半の勝ち方　2

問題 2　ポーカーと確率　8

問題 3　選挙での必勝法　16

問題 4　宝くじで勝つ方法　21

問題 5　ベルトランの逆説　26

問題 6　パチンコの必勝法　33

問題 7　カギの探し方　39

問題 8　待ち合わせのタイミング　44

問題 9　電子機器の寿命　50

問題 10　携帯電話の通話時間の推定　57

問題 11　うわさの伝播の秘密　63

問題 12　人口移動現象のナゾ　70

第2章　統計 ……………………………………………………77
問題 13　野球のデータの整理　78

問題 14　データ整理の要点　83

問題 15　2種類のデータの代表値とは　87

問題 16　2種類のデータの散布度とは　91

目　次

問題17　プロ野球の順位予想　96

問題18　大学生の貯金額の推定　100

問題19　住宅ローン残高の推定　105

問題20　模擬試験の平均値に差があるのか　109

問題21　わが校の点数は平均点かどうか　114

問題22　不良債権額は全国平均かどうか　119

問題23　サイコロに細工があるかどうか　123

問題24　サイコロの細工を検証しよう　127

第3章　戦略　……………………………………………………… 133

問題25　週末の遊び方　134

問題26　バトルゲームの勝者は？　138

問題27　レジ台数の決め方　144

問題28　戦いの極意　149

問題29　集団戦の極意　155

問題30　戦争と平和　165

問題31　百貨店の売上　174

問題32　総選挙の行く末　180

付　　表 …………………………………………………………………… 191

引用・参考文献 ………………………………………………………… 195

索　　引 …………………………………………………………………… 197

第1章

確　率

　確率とは，ある現象が起こる度合い，あるいはある事象が現れる割合のことをいいます．また，種々の問題を解決する手段でもあります．

　本章では，確率という考え方と，どのように問題解決のために用いるかという視点から，確率の基本法則や確率分布，確率過程などを紹介します．

第1章 確率

問題1　丁半の勝ち方

　西村くんと工藤くんが，サイコロを使ったゲームについて調べていました．さまざまなゲームについて調べてみましたが，西村くんは「どのゲームも，結局サイコロの目だけで勝敗が決まる，運だけのゲームだ」という思いから，なかなか興味がもてませんでした．しかし，工藤くんは，実に楽しそうにゲームについて調べています．西村くんがその理由を聞いてみると，工藤くんは，「じゃあ，実際にやってみようか」と，「丁半」というゲームで勝負することになりました．

> **問題**
>
> 　サイコロを2つ使って行う「丁半」は，2つのサイコロの合計数が「奇数」か「偶数」かを当てるゲームである．ところで，これらの合計数(2, 3, 4, 5, 6, 7, 8, 9, 10, 11, 12)は，同程度に出現するのだろうか？

　中国で行われている「大小」は，3つのサイコロを同時に振り，その合計数により，大(合計が11から18)か，小(3から10まで)かを事前に予測するものです．このように，サイコロを使ったゲームは世界中にたくさん存在します．どのゲームにおいても，1つのサイコロの目の出る確率は$\frac{1}{6}$(サイの目が6つあり，これらが同程度に期待できます)ですが，サイコロが

問題 1　丁半の勝ち方

2つ，3つになると，サイコロの目の合計数の頻度(場合の数)は均一であるかどうかはわかりません．そこで，日本の伝統的なゲームである，サイコロを2つ同時に振る「丁半」を例にして，サイコロの目の合計数の頻度(場合の数)を予測してみます．はたして均一になっているのでしょうか．

「丁半」(サイコロを2つ同時に振る)におけるサイコロの目の合計数を拾ってみると，表1に示すようになります．表の欄外の数字が2つのサイコロのそれぞれの目の数，表の中の数字が合計数です．さらに，各合計数の頻度(場合の数)を棒グラフにしてみると図1に示すようになります．

これより明らかなように，各合計数の頻度(場合の数)は均一ではないことがわかります．つまり，最も出やすい合計数は「7」(頻度は6)で，最も出にくい合計数は「2」と「12」(頻度は1)であることがわかります．すべての場合の数は，36 (6×6)通りですから，合計数「7」の出る確率は $\frac{6}{36}$ となり，合計数「2」と「12」の出る確率は $\frac{1}{36}$ となります．

表1　サイコロの合計数

	1	2	3	4	5	6
1	2	3	4	5	6	7
2	3	4	5	6	7	8
3	4	5	6	7	8	9
4	5	6	7	8	9	10
5	6	7	8	9	10	11
6	7	8	9	10	11	12

第1章 確率

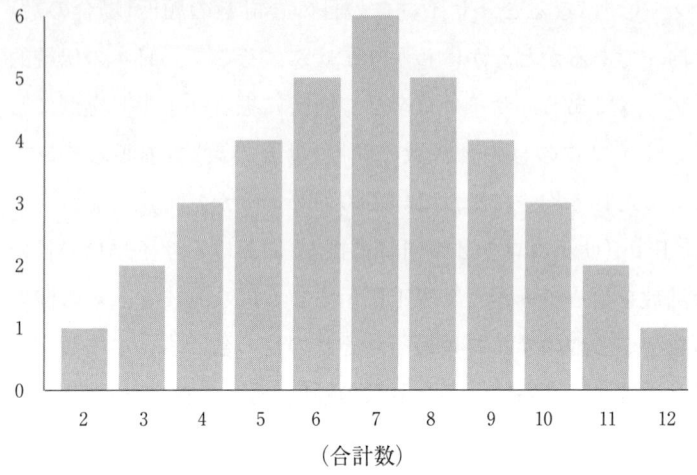

図1 サイコロの目の合計数の頻度

したがって，丁(偶数)は，合計数が「2」,「4」,「6」, …,「12」の場合ですから，頻度は18になります．一方，半(奇数)は合計数が「3」,「5」, …,「11」の場合ですから，頻度は，丁と同じ18です．つまり，丁も半も，出現する確率は，ともに$\frac{1}{2}$となり，経験則と一致します．

次に，この丁半の場合を例にして，確率の基本法則を説明します．例えば，2つの事象A(丁が出る場合)，B(合計数が8以上の場合)があり，AまたはBの少なくとも1つに属する集合をA∪B(丁が出るか，合計数が8以上の場合)と表し，「和集合」と呼びます(図2参照)．また，AとBの双方に属する集合をA∩B(丁であり，かつ8以上の場合)と表し，「積集合」と呼びます(図3参照)．そして，Aに属さない集合を$\bar{A}$(丁でない場合，すなわち半である場合)と表し，「余集合」と呼びま

問題 1 丁半の勝ち方

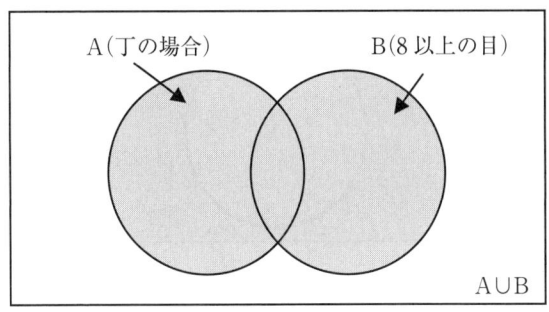

図 2 和集合

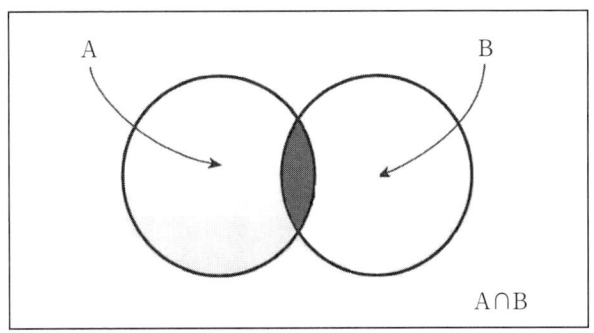

図 3 積集合

す(図 4 参照).

ところで,この和集合 A ∪ B の確率は,確率の加法定理により,次のようになります.

$$P(A \cup B) = P(A) + P(B) - P(A \cap B)$$

先程の例で確かめると,次のようになります.A ∪ B の場合の数を表 1 で拾うと,24 通りとなります.同様に,A,B,

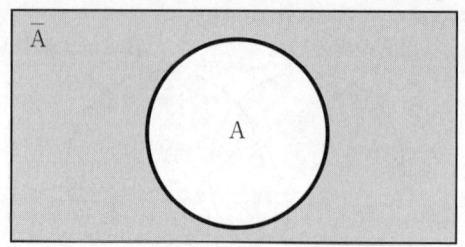

図4　余集合

A ∩ B の場合の数は，それぞれ 18，15，9 通りとなります．そこで，左辺の A ∪ B の確率 P(A ∪ B) を求めると，$\frac{24}{36}$，つまり $\frac{2}{3}$ となります．

次に，右辺に出てくる A，B，A ∩ B の確率を求めます．まず，P(A) は $\frac{18}{36}$，つまり $\frac{1}{2}$ となり，P(B) は $\frac{15}{36}$，つまり $\frac{5}{12}$ となり，P(A ∩ B) は $\frac{9}{36}$，つまり $\frac{1}{4}$ となります．先ほど示した確率の加法定理の右辺に代入してみると，

$$\left(\frac{1}{2} + \frac{5}{12} - \frac{1}{4}\right) = \frac{2}{3}$$

となり，左辺に等しくなることがわかります．

また，事象 A の起こらない確率は，余事象の確率により，次のようになります．

$$P(\bar{A}) = 1 - P(A)$$

事象 A は丁が出る場合ですから，18 通りです．一方，事象 $\bar{A}$ は半が出る場合ですから，同じく 18 通りです．つまり，事象 $\bar{A}$ の起こる確率 P($\bar{A}$) は $\frac{18}{36}$，すなわち $\frac{1}{2}$ となります．実際に右辺を計算してみると，

$$1 - P(A) = 1 - \frac{18}{36} = \frac{1}{2}$$

となり，左辺に等しくなることがわかります．

> #### 🔑 解答
>
> 確率の基本法則に従って考えてみれば，合計数「7」が最も出現しやすく，「2」と「12」の6倍であることがわかる．また，「6」と「8」は「2」と「12」の5倍であり，同様に「5」と「9」は4倍，「4」と「10」は3倍，「3」と「11」は2倍となる．このように，1つのサイコロを振った場合は「1」から「6」は均等に出現するが，2つのサイコロを振ってその合計を比べると，上述したように，出現する確率が異なる．やはり，サイコロを使うゲームには，「確率」の基本法則が必須なのである．

結局，丁半では西村くんは工藤くんに負けてしまいました．サイコロのゲームは運だけではないことを実感した西村くんは，その後工藤くんに確率の基本法則を教えてもらって，それぞれのゲームの違いがわかるようになり，ずいぶんと楽しく調査することができるようになりました．

問題2 ポーカーと確率

西村くんと工藤くんが,トランプのポーカーで遊んでいました.あるとき,西村くんがフラッシュ,工藤くんがストレートを完成しました.勝負に熱が入っていたためか,両君とも自分の役のほうが上であると言い張りました.そして,双方譲らず,結局ポーカーのルール集を見ることになりました.

すると,役は上からロイヤルストレートフラッシュ,ストレートフラッシュ,フォアカード,フルハウス,フラッシュ,ストレート,……の順,つまりフラッシュのほうがストレートより役が上でした(表2参照).ほんとうにフラッシュのほうが確率的に出にくい役なのでしょうか?

表2 ポーカーの役の順位

	役の名前
1	ロイヤルストレートフラッシュ
2	ストレートフラッシュ
3	フォアカード
4	フルハウス
5	フラッシュ
6	ストレート
7	スリーカード
8	ツーペア
9	ワンペア
10	役なし

問題

　ポーカーの役,「ストレート」と「フラッシュ」のどちらが上位にあるかは,初心者が忘れがちなことである.なぜなら,「ストレート」と「フラッシュ」のみならず,ポーカーの役がそれぞれ完成する確率を知らないからである.さて,「ストレート」と「フラッシュ」の完成する確率は,どちらが低いのだろうか?

　ポーカーの役の出方を確率的に計算します.まず,ポーカーの確率問題は,トランプ52枚から5枚を任意に取り出すときの場合の数の計算から始めなければいけません.これには,組合せ計算を使います.つまり,すべての場合の数は $_{52}C_5$ となります.この結果,259万8960通りの可能性があることがわかりました(図5(1)参照).

　さて,役の最高位であるロイヤルストレートフラッシュの確率計算から始めます.この役は,エース,キング,クイーン,ジャック,10の5枚が同じ種類のカード(ダイヤならダイヤ)で出てこなければなりません.したがって,場合の数は,ダイヤ,ハート,クラブ,スペードの4通りとなります.結局,4をすべての場合の数,259万8960通りで割った答えが,この役の確率です(図5(2)参照).

　次はストレートフラッシュです.この役は,一連の連続数で,しかもすべて同じ種類のカードでなければなりません.一連の連続数は,エースから始まる順列(エース,2,3,4,5)と,2から始まる順列,3から始まる順列,……,10から始まる順

第1章 確率

---

(1) トランプ52枚から5枚を任意に取り出すときのすべての場合の数

$$_{52}C_2 = \frac{52!}{5!47!}$$

$$= \frac{52 \times 51 \times 50 \times 49 \times 48}{5 \times 4 \times 3 \times 2 \times 1}$$

$$= 2598960 \text{通り}$$

(2) ロイヤルストレートフラッシュ

$$\frac{4}{2598960} = \frac{1}{649740}$$

(3) ストレートフラッシュ

$$\frac{40}{2598960} = \frac{1}{64974}$$

(2)を除くと

$$\frac{36}{2598960} = \frac{1}{72193}$$

(4) フォアカード

$13 \times 48 = 624$通り

$$\frac{624}{2598960} = \frac{1}{4165}$$

(5) フルハウス

$$1 \times \frac{3}{51} \times \frac{2}{50} \times \frac{48}{49} \times \frac{3}{48} \times (10)*$$

$$\fallingdotseq \frac{1}{694}$$

$* \ \frac{5!}{3!2!} = 10$通り

(6) フラッシュ

$$1 \times \frac{12}{51} \times \frac{11}{50} \times \frac{10}{49} \times \frac{9}{48} \fallingdotseq \frac{1}{505}$$

(7) ストレート

$$\frac{4^5 \times 10}{2598960} \fallingdotseq \frac{1}{254}$$

(8) スリーカード

$$1 \times \frac{3}{51} \times \frac{2}{50} \times \frac{48}{49} \times \frac{44}{48} \times (10)*$$

$$\fallingdotseq \frac{1}{47}$$

$* \ \frac{5!}{3!2!} = 10$通り

(9) ツーペア

$$1 \times \frac{3}{51} \times \frac{48}{50} \times \frac{3}{49} \times \frac{44}{48} \times (30)*$$

$$\fallingdotseq \frac{2}{21}$$

$* \ \frac{5!}{2!2!1!} = 30$通り

(10) ワンペア

$$1 \times \frac{3}{51} \times \frac{48}{50} \times \frac{44}{49} \times \frac{40}{48} \times (10)*$$

$$\fallingdotseq \frac{5}{12}$$

$* \ \frac{5!}{2!3!} = 10$通り

(11) 役なし

$0.507 (\fallingdotseq \frac{1}{2})$

図5 ポーカーの役の確率

列(10, ジャック, クイーン, キング, エース)までの10通りあります．カードの種類は4通りあるので，この役の場合の数は，40通りとなります．結局，40をすべての場合の数，259

万8960で割った答えが,ストレートフラッシュの確率です(図5(3)参照).

次はフォアカードです.この役は,同じ数字のカードが4枚そろわなければなりません.フォアカードの数字は,エースからキングまで,全部で13通りあります.しかも,どのような数字のフォアカードの場合でも,5枚目は残り48枚のカードのどれがきてもフォアカードが成り立ちますから,それぞれの数字に対して48通りの場合の数があります.したがって,この役の場合の数は,624(=13 × 48)通りとなります.結局,624をすべての場合の数,259万8960で割った答えが,フォアカードの確率です(図5(4)参照).

次はフルハウスです.この役は,同じ数字のカードが3枚と,別の同じ数字のカードが2枚(先の3枚の同じ数字のカードとは異なる数字)がそろわなければなりません.この確率を計算するときは,52枚から任意の5枚を順番に取り出すときの確率を順次考えます.

例えば,初めの3枚が同じ数字のカードで,後の2枚が別の同じ数字のカードと仮定します.すると,1枚目は,どのカードがきてもよいから確率は1となります.2枚目は,1枚目のカードと同じ数字でなければなりませんから $\frac{3}{51}$,3枚目も同様にして $\frac{2}{50}$,4枚目は,3枚目までと数字が異なるカードでなければなりませんから $\frac{48}{49}$,最後に5枚目は,4枚目と同じ数字でなければなりませんから $\frac{3}{48}$ となります.これらの確率をすべて掛け合わせればよいのですが,これら5枚のカードは,この順序で出てくる必要はありません.したがって,この5枚

第1章 確率

の順列の場合の数も掛けなければなりません.

このような順列の数は, 図6に示すような計算法です. したがって, この場合は図5(5)*にあるように10通りとなります. 結局, フルハウスの確率は, 図5(5)に示すようになります.

さて, いよいよ先ほどの2人の疑問に登場したフラッシュです. この役は, 同じ種類のカード(ダイヤならダイヤ)が5枚そろわなければなりません. そこで, フルハウスのときと同じように, 52枚から任意の5枚を順番に取り出すときの確率を順次考えます. 1枚目は, どのカードがきてもよいから確率は1となります. 2枚目は, 1枚目のカードと同じ数字でなければならないから $\frac{12}{51}$, 3枚目, 4枚目, 5枚目も同様にして, それぞれ, $\frac{11}{50}$, $\frac{10}{49}$, $\frac{9}{48}$ となります. これらの確率をすべて掛け合わせるから, フラッシュの確率は, 図5(6)に示すようになります.

次に, フラッシュと比較されたストレートです. この役は, 5枚のカードが一連の連続数でなければなりません. 一連の連続数は, エースから始まる順列(エース, 2, 3, 4, 5)から, 10

---

n個のもののうちでp個は同じもの, q個は他の同じもの, r個がまた他の同じもの, ・・・・・・であるとき, それらn個のもの全部からできる順列の数は次のとおりである.

$$\frac{n!}{p! \times q! \times r! \times \cdots\cdots}$$

ただし, $p+q+r+\cdots\cdots = n$

図6 順列の数

から始まる順列(10, ジャック, クイーン, キング, エース)まで10通りあります．この5枚のカードの種類は，ストレートフラッシュのように同じでなくてもかまいません(バラバラでもよい)．したがって，一連の連続数の各組の場合の数は4^5(カードの種類が4つで，カードは5枚あるから)となります．すなわち，この役の場合の数は$(4^5 \times 10)$となります．

結局，この数をすべての場合の数である259万8960で割った答えが，ストレートの確率です(図5(7)参照)．確かに，ストレートよりもフラッシュの出る確率が小さく，フラッシュの役はストレートの役よりも上になります．

次に，スリーカードを分析します．この役は，同じ数字のカードが3枚そろわなければなりません．例えば，初めの3枚が同じ数字のカードで，後の2枚が異なるカードと仮定します．すると，1枚目は，どのカードがきてもよいから確率は1となります．2枚目は，1枚目のカードと同じ数字でなければなりませんから$\frac{3}{51}$，3枚目も同様にして$\frac{2}{50}$，4枚目，5枚目は，異なるカードですから，それぞれ$\frac{48}{49}$，$\frac{44}{48}$となります．また，この5枚のカードの順列の数は10通りとなります．結局スリーカードの確率は，これらをすべて掛け合わせた値となります(図5(8)参照)．

次はツーペアです．この役は，同じ数字のカード2枚が2組(2つのペアは異なる数字)そろわなければなりません．例えば，初めの2枚が同じ数字のカードで，次の2枚も別の同じ数字のカードで，5枚目が異なるカードと仮定します．すると，1枚目は確率1で，2枚目は1枚目のカードと同じ数字でなけ

ればなりませんので $\frac{3}{51}$，3枚目は，1，2枚目と異なるカードですから $\frac{48}{50}$，4枚目は3枚目と同じ数字でなければなりませんから $\frac{3}{49}$，5枚目は今までとは異なるカードですから $\frac{44}{48}$ となります．また，この5枚のカードの順列の数は30通りとなります．結局ツーペアの確率は，これらをすべて掛け合わせた値となります(図5(9)参照)．

次はワンペアです．この役は，同じ数字のカードが2枚そろわなければなりません．例えば，初めの2枚が同じ数字のカードで，後の3枚が異なるカードと仮定します．すると，1枚目は確率1で，2枚目は1枚目のカードと同じ数字でなければなりませんので $\frac{3}{51}$，3枚目，4枚目，5枚目は異なるカードですから，それぞれ $\frac{48}{50}$，$\frac{44}{49}$，$\frac{40}{48}$ となります．また，この5枚のカードの順列の数は10通りとなります．結局ワンペアの確率は，これらをすべて掛け合わせた値となります(図5(10)参照)．

最後に，役なしの確率を考えます．ただし，ロイヤルストレートフラッシュとストレートフラッシュは，ストレートとフラッシュの確率に含まれています．したがって，図5の(4)から(10)までの役の確率の合計を1から引いた値が，役なしの確率です．すなわち約 $\frac{1}{2}$ です(図5(11)参照)．

以上で，ポーカーの役の確率はすべて計算できました．

問題 2 ポーカーと確率

> ### 🔑 解答
>
> ポーカーの役の確率は，順列組合せというツールを用いれば計算できる．ここで，問題となっている「ストレート」と「フラッシュ」の役の確率は，それぞれ $\frac{1}{254}$，$\frac{1}{505}$ である．明らかに「フラッシュ」の確率のほうが低く，役は上位となる．

ルール集でこれらの知識を得た西村くんと工藤くんは，少しポーカーがわかったような気がしました．疑問は解け，これからはもっと気持ちよく遊べるようになるでしょう．

問題3 選挙での必勝法

 某国の国家主席は,最近彼に対する批判がマスコミから起こったため,某国史上初の国民投票による国家主席選挙という形で,自らの信任を試すことにしました.

 そこで,この国の大手新聞社は,この選挙に対する世論調査を行いました.その結果,現職国家主席に対する反応は次の3種類に分かれることが判明しました.

E_1:「主席支持」層

E_2:「反主席」層.実はかくれ「主席支持」層
(表面上は「反主席」層として主席の政策に反対を表明しているが,実際は,主席の政策を支持している)

E_3:無関心層

 そして,「主席支持」層の60%が主席に一票を投じ,「反主席」層,すなわちかくれ「主席支持」層の70%が主席に一票を投じ(この率が,「主席支持」層の率よりも大きいところに,この選挙のおもしろ味があります),残りの無関心層は30%が主席に一票を投じることがわかりました.

 ここで,ある人が「現職主席」に一票を投じたとします.このとき,ある人が先ほどの分類(E_1, E_2, E_3)のどの層(グループ)に属しているか,その確率を計算するにはどのようにすればよ

いのでしょうか？ただし，この国全体の中で，E_1 グループに属する人は50％を占め，E_2 グループに属する人は20％を占め，E_3 グループに属する人は30％を占めるものとします．

さて，この国の選挙有権者の数が1000人であると仮定します．このとき，一体何人が「現職主席」に一票を投じるのでしょうか？

> **問題**
>
> 　大きな選挙の場合，大抵の場合，「信任」するかどうか，あるいは「どの政党」に投票するかの事前調査が行われる．その際，結果的に「信任」あるいは「○○党」に投票する確率が予測される．しかし，選挙に勝つには投票結果の確率だけでなく，その人たちがどの層であるかを予測する必要がある．こういった場合，どのように分析すればよいのだろうか．

まず「主席支持」層は全体の50％存在しますから，500人いることになります．その中で60％が「主席」に投票しますから，

$$500 \times 0.6 = 300 (票)$$

入ることになります．

次に，「かくれ主席支持」の数は200人ですから，

$$200 \times 0.7 = 140 (票)$$

入ることになります．

最後に，無関心層は300人ですから，

$$300 \times 0.3 = 90(票)$$

入ることになります．

つまり，主席は1000人中530人(53%)の信任を得ることになります．

ここで，ある人がE_1グループの人である確率は，

$$P_{E_1} = \frac{300(E_1 \text{グループの中で主席に投票した人数})}{530(\text{主席に投票した人数})}$$
$$= 0.566$$

となり，E_2グループの人である確率は，

$$P_{E_2} = \frac{140(E_2 \text{グループの中で主席に投票した人数})}{530}$$
$$= 0.264$$

となり，E_3グループの人である確率は，

$$P_{E_3} = \frac{90(E_3 \text{グループの中で主席に投票した人数})}{530}$$
$$= 0.170$$

となります．

このような計算過程は，確率におけるベイズの定理により明らかになります．ベイズの定理とは次のような内容です．

ある事柄A(主席に投票する)が，K個の原因E_1, E_2, ……E_k(この場合はKが3とします．したがって，E_1：主席支持層，E_2：反主席すなわちかくれ主席支持層，E_3：無関心層となります)のいずれかから起こるものとし，各原因E_iの起こる確率

を $P(E_i)$, E が起こったとき,その原因で A が起こる確率 $P(E_i|A)$ は,次のように表されます.

$$P(E_i|A) = \frac{P(E_i)P(A|E_i)}{P(E_1)P(A|E_1)+P(E_2)P(A|E_2)+\cdots\cdots+P(E_k)P(A|E_k)}$$

本例は E_1, E_2, E_3 の場合ですから,前式はそれぞれ次のようになります.

$$P(E_1|A) = \frac{P(E_1)P(A|E_1)}{P(E_1)P(A|E_1)+P(E_2)P(A|E_2)+P(E_3)P(A|E_3)}$$

$$P(E_2|A) = \frac{P(E_2)P(A|E_2)}{P(E_1)P(A|E_1)+P(E_2)P(A|E_2)+P(E_3)P(A|E_3)}$$

$$P(E_3|A) = \frac{P(E_3)P(A|E_3)}{P(E_1)P(A|E_1)+P(E_2)P(A|E_2)+P(E_3)P(A|E_3)}$$

これらの式に,本例,すなわち主席選挙のデータを入れると,P_{E_1}, P_{E_2}, P_{E_3} はそれぞれ次のようになります.

$$P_{E_1} = \frac{0.5 \times 0.6}{0.5 \times 0.6+0.2 \times 0.7+0.3 \times 0.3} = 0.566$$

$$P_{E_2} = \frac{0.2 \times 0.7}{0.5 \times 0.6+0.2 \times 0.7+0.3 \times 0.3} = 0.264$$

$$P_{E_3} = \frac{0.3 \times 0.3}{0.5 \times 0.6+0.2 \times 0.7+0.3 \times 0.3} = 0.170$$

すなわち,ある人が主席に一票を投じたとき,先ほどの分類(E_1, E_2, E_3)のどの層(グループ)に属しているかの確率は,主席支持層は56.6%,かくれ主席支持層は26.4%,無関心層は17.0%となります.

第1章 確率

> **解答**
>
> このような問題を解決するのに最も適したツールが、ベイズの定理である。このツールを用いれば、この例では、ある人が「現職主席」に一票を投じたとき、この人物が主席支持層である確率は 56.6% であり、かくれ主席支持層である確率は 26.4%、無関心層である確率は 17.0% であることがわかる。

調査の結果、56.6%+26.4%=83.0% の人が（かくれ）主席支持層であることは、誰でも読み取れることです。しかし、国家主席が「83.0% も支持されている」と喜んだのか、それとも「17.0% には支持されていないのか」と激怒したのか、そして、この結果を受けた国家主席がどのような行動をとったのかは、想像するしかありません。

問題4　宝くじで勝つ方法

　吉田さんは宝くじが好きで，よく表3の宝くじを1枚200円で購入しています．しかし，あるとき，「この宝くじを買ったとき，平均でいくら配当をもらえるのだろう」と気になりました．

　1回の試行で，ある事象の起こる確率がPのとき，n回の独立試行でこの事象の起こる回数は，nが十分大きければ，$n \times P$に近くなることは予想できます．例えば，サイコロを1000回振り，偶数の目の出る回数は$1000 \text{回} \times \frac{1}{2} = 500$回となります．同じ試行で，6の目の出る回数はおよそ$1000 \text{回} \times \frac{1}{6} \fallingdotseq 167$回となります．

　この考え方を宝くじにあてはめてみます．吉田さんが宝くじを1枚買うとき，平均いくらの賞金を受けとることができるでしょうか？

表3　宝くじの内容

100本につき		
1等	1万円	1本
2等	500円	10本
3等	50円	30本

第1章 確率

問題

宝くじやルーレットなどにおいて，使ったお金が何割戻ってくるかを予測することは非常に重要である．このような予測を行うのに適したツールはないだろうか．

この宝くじの場合，1等から3等までの賞金の総額は，表3より，

$$10000\times1+500\times10+50\times30=16500円$$

となります．これを宝くじの総数100本で割れば，賞金の平均の金額が得られます．つまり，

$$10000\times\frac{1}{100}+500\times\frac{10}{100}+50\times\frac{30}{100}=165円$$

となります．この賞金の平均額165円が，くじ1本について期待される賞金と考えられます．

ここで，前述した式の左辺の $\frac{1}{100}$，$\frac{10}{100}$，$\frac{30}{100}$ は，それぞれ1等，2等，3等の当たる確率です．

一般に，ある量 X は必ず，$x_1, x_2, \cdots\cdots, x_n$ のいずれか1つだけの値をとり，それらの値をとる確率がそれぞれ $P_1, P_2, \cdots\cdots, P_n$ であるとき，

$$x_1P_1+x_2P_2+\cdots\cdots+x_nP_n$$

を，その量 X の期待値といいます．特に X が金額であるとき，それを期待金額ともいいます．例えば，先ほどの例では，くじを1枚買う人の期待金額は165円です．

この期待値の考え方は，保険事業の基本原理として一般に利用されています．保険会社は，種々の統計によって得られる確率に基づいて，保険金額の期待金額である純保険料を計算し，それに会社の経営費，利益などを加えて，営業保険料を算定しています．例えば，1年間における家屋の焼失率を 0.1% とすると，契約期限1年の火災保険金 1000 万円に対する純保険料は次のようになります．

$$1000万円 \times \frac{0.1}{100} = 1 万円$$

つまり，純保険料は1万円となります．また，1軒の家が1年間に失火する確率は，$\frac{1}{10000}$ で，隣家が焼けたとき類焼する確率が $\frac{1}{10}$ であるとします．期限1年間で 100 万円の火災保険を契約する場合，3軒並んで立っている家について，中央の家と端の家では，どんな割合で保険料を支払うことが妥当でしょうか．

この例にも，期待値の考え方を使って考えます．まず，中央の家について考えます．自分の家が失火する確率は $\frac{1}{10000}$ であり，隣家が焼けたとき類焼してしまう確率は $\frac{1}{100000}$ ($= \frac{1}{10000} \times \frac{1}{10}$) です．隣家は左右に1軒ずつ2軒あるので，失火の確率は全部で，$\frac{1}{10000} + \frac{2}{100000}$ となります．したがって，中央の家の純保険料は，

$$1000000 \times \left(\frac{1}{10000} + \frac{2}{100000}\right) = 120 (円)$$

となります．一方，端の家について考えてみます．自分の家が失火する確率は $\frac{1}{10000}$ であり，隣家（中央の家）が焼けたとき類

焼してしまう確率は $\frac{1}{100000}$ であり，2軒隣の家（反対側の家）が焼けたとき類焼してしまう確率は $\frac{1}{1000000}$ ($= \frac{1}{100000} \times \frac{1}{10}$)です．したがって，失火の確率は，全部で $\frac{1}{10000} + \frac{1}{100000} + \frac{1}{1000000}$ となります．よって，端の家の純保険料は，

$$1000000 \times (\frac{1}{10000} + \frac{1}{100000} + \frac{1}{1000000}) = 111 (円)$$

となります．

　以上が，保険における期待値の説明ですが，この考え方は，他のことにも適用できます．例として，ルーレットについて簡単に触れておきます．

　ルーレットの文字盤には，0から36までの37個の数字の中から，でたらめに数が出るように工夫されています．また，0を除いて，数字の半分は赤で，あとの半分は黒だから，この赤と黒もでたらめに出てきます．

　でたらめということは，どの数字も，どの色も，正確に同じ割合で出るということです．かけ方は，数字だけではなく，色，偶数・奇数，大・中・小とさまざまですが，ここでは数字に注目します．

　例えば，ある数字に賭けると，賭け金の35倍と元金（合計36倍）が取れるといいます．もし，あるプレーヤーが1ドルを37個の数字（0から36まで）すべての上に置いたとすると，いくら戻ってくるでしょうか？

　この場合，賭けた数字の1つは当たるのですから，37ドル使って，36ドル戻ってきます．したがって，期待値は次のよ

うになります.

$$36 \times \frac{1}{37} ≒ 0.973$$

すなわち,この場合1ドル(賭け金の2.7%)は損をすることになります.ただし,これはヨーロッパのモンテカルロで使用されているルーレット盤を用いた場合です.

一方,アメリカ式(例えばラスベガスなど)のルーレット盤は,0のほかに00が入っているので,モンテカルロ式よりも期待値はさらに悪くなります.アメリカ式の期待値を計算すると,次のようになります.

$$36 \times \frac{1}{38} ≒ 0.947$$

すなわち,この場合は2ドル(賭け金の5.3%)は損をすることになります.

> **🔑 解答**
>
> このような問題を解決するのに適したツールが期待値である.この例では,1枚200円の宝くじで戻ってくる金額の平均は165円となり,82.5%が戻ってくる計算となる.また,モンテカルロ式ルーレットでは97.3%,ラスベガス式では94.7%が戻ってくることになる.

吉田さんは,「なんだ,1枚につき35円損しているのか」と少しがっかりしましたが,「35円は楽しませてもらっている代金だ」と考えることにして,今日もまた宝くじを買いに行きました.

問題5　ベルトランの逆説

　太田くんと宮崎くんが，ランチの店を探して歩いています．優柔不断な宮崎くんは，あれもいい，これもいい，と，一向に店を決める気配がありません．おとなしく付き合っていた太田くんでしたが，宮崎くんが「ぼくが行きたいお店は3つある．君，ぼくがそれぞれの店を選ぶ確率はどれくらいかわかるかい？」と面倒なことを言い出し，困ってしまいました．

問題

　ベルトランの逆説という古典的な確率パラドックスがある．このパラドックスは，解釈の仕方によって答えが複数ある，というものである．このパラドックスを解く方法はあるのだろうか．

　確率とパラドックスに関して，次の問題を考えます．
　「与えられた円に任意の1本の弦を引くとき，この弦の長さが内接正三角形の1辺の長さより大きくなる確率を求めるには，どうすればよいか」
　この問題は，別名「ベルトランの逆説」という，実にパラドックスに満ちている有名な古典的テーマです．というのは，このパラドックスは，問題の解釈の仕方によって，3種類の答えが出てくるのです．順を追って3つの解釈を説明します．

① 対称性から，弦の一端を固定して考えても一般性を失いません．その点をPとし，Pを頂点とする内接正三角形の他の頂点をQ，Rとします．Pを一端とする弦PXの長さが，内接正三角形の1辺PQの長さより大きくなるのは，Xが弧 $\overgroup{QR}$ 上にきたときです．任意に弦を引くというのは，円周上に任意に1点Xをとることだと考えられますから，求める確率は，

$$P = \frac{\overgroup{QR}}{\text{全円周}} = \frac{1}{3}$$

となります(図7参照)．

② 弦PQの位置は，PQの中点Rによって定められていると考えても，一般性を失いません．PQの長さが内接正三角形の1辺より長くなるときは，点Rが，与えられた円Oの半径 r を半径とし，中心Oである円の内部

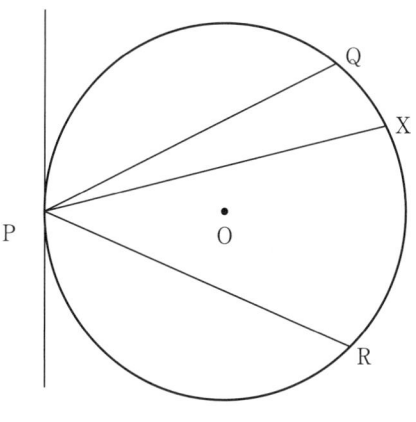

図7　解釈1

にくるときです．任意に弦を引くというのは，中点 R を与えられた円内の任意の点に置くことだと考えられますから，求める確率は，

$$P = \frac{\text{半径}\frac{r}{2}\text{の円の面積}}{\text{半径}\,r\,\text{の円の面積}} = \frac{1}{4}$$

となります(図 8 参照)．

③ 対称性から，弦の方向は一定と考えても一般性を失いません．その方向に垂直な直径を PQ，中心 O と P の中点を R，O と Q の中点を S とします．PQ 上の 1 点 X を通って PQ に垂直な弦 YZ を引くとき，YZ の長さが内接正三角形の 1 辺より長くなるのは，図 9 からわかるように，X が R と S の間にあるときです．任意に 1 本の弦を引くというのは，PQ 上に任意の 1 点をとることだと考えてなんら差し支えありませんので，求める確率は，

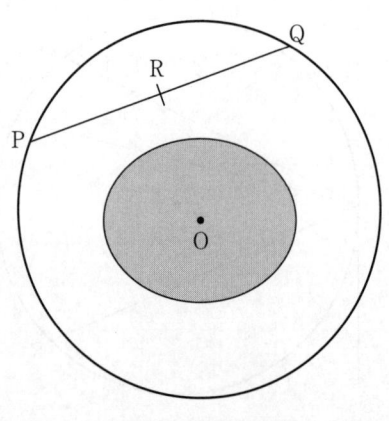

図 8　解釈 2

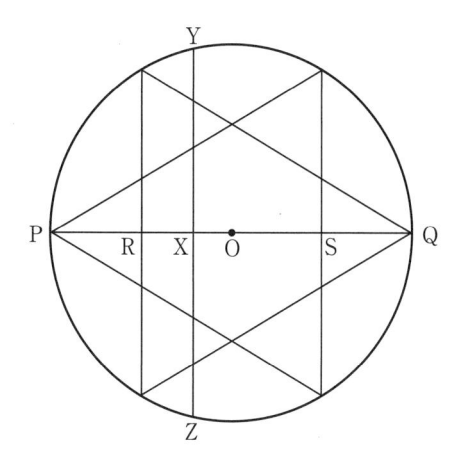

図9 解釈3

$$P = \frac{RS}{PQ} = \frac{1}{2}$$

となります.

さて，ベルトランの逆説の理論解は，解釈の仕方によって，$\frac{1}{3}$, $\frac{1}{4}$, $\frac{1}{2}$と3通り出てきました．同じ問題で答えが3つもあるのはおかしいのでは？　という疑問が出ても不思議ではありません．さて，この問題は，3つすべてが正しいのでしょうか？　それともどれか1つが正解で，残り2つの解釈は誤っているのでしょうか？

そこで，この問題をモンテカルロシミュレーション（モンテカルロ法とも呼ばれます）で解いてみます．モンテカルロシミュレーションとは，基本的には定式化されていて，数学的に意味がありますが，解析的に解けない問題を解くために，十分多

第1章 確率

数回のランダムな実験を繰り返し、それを集計することによって近似的に答えを求めるものです．

この例で解が3つもあるのは、①、②、③における任意という概念の解釈が違うからです．

まず、半径が$\frac{1}{2}$で、中心が$(\frac{1}{2}, \frac{1}{2})$の円を考え、それに内接する正三角形の1辺の長さを1とします．そこで任意の弦を引くのですが、それは言い換えれば円周上に任意の2点をポイントすることです．それには、まずx軸上に区間$(0, 1)$の乱数を発生させます．その後、yの値は必然的に「円の上」の点か「円の下」の点かの2通りに決まるので(図10参照)、上か下かは別の乱数によってランダムに決めます．

そのようにして、2点(x_1, y_1), (x_2, y_2)を決めると、弦の長

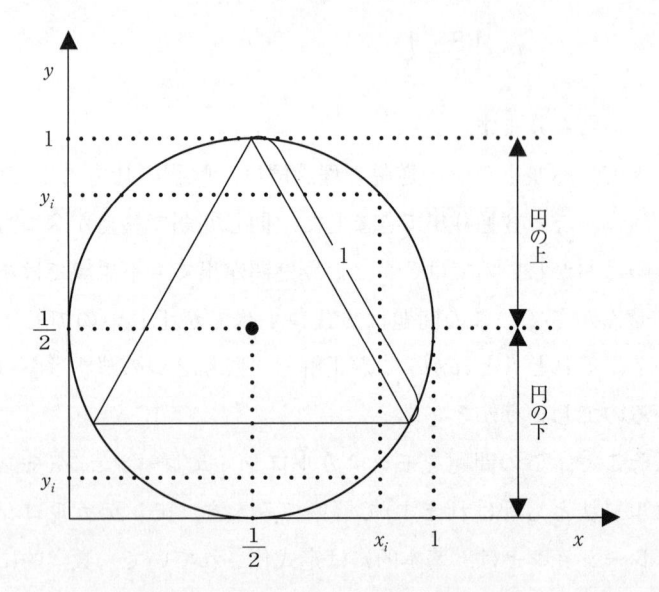

図10 モンテカルロシミュレーション

さ Z は次の式で求められます.

$$Z = \sqrt{(x_1-x_2)^2 + (y_1-y_2)^2}$$

そして, Z と 1 の大小関係を比較し,

$Z > 1$

ならば, 題意を満たしているのでカウントされ,

$Z \leq 1$

ならば, 題意に反しているのでカウントされません.

このような弦を乱数により N 個作り, そのうち n 個がカウントされれば, モンテカルロ法により,

$P = \dfrac{n}{N}$

となり, 確率 P を求めることができます. $N=10^5$ 程度のシミュレーションをコンピュータを使って実際に試してみたところ, 結果は,

$P = \dfrac{n}{N} = \dfrac{1}{3}$

となりました. したがって, このモンテカルロシミュレーションでの実験結果は, ①の解釈を支持することになります.

第1章 確率

> **🔑 解答**
>
> このようなパラドックスを解決するのに最適なツールに，モンテカルロシミュレーションがある．本例で示した「ベルトランの逆説」をモンテカルロシミュレーションで解析すると，答えは$\frac{1}{3}$となる．

宮崎くんに「ベルトランの逆説」と「モンテカルロシミュレーション」について説明した太田くんは，「さて，君の問いかけには，モンテカルロシミュレーションを用いるのがいいね．じゃあ，十分多数回のランダムな実験を行おうか．簡単だ，その3つの店に何回も行けばいいんだよ．もちろん，君のおごりでね」とにっこりと答えました．太田くんのイライラを察した宮崎くんは素直に謝罪し，近くの定食屋に行こう，と提案しました．

問題6　パチンコの必勝法

近年，パチンコ人気は上昇していますが，統計によれば，パチンコ業界の年間売上高は，10兆円に達したといいます．そして，全国に2800万人のファンがいるそうです．また，全国のパチンコ店は1万3600軒あり，書店の1万2000軒を上回っています．また，パチンコ台は1店平均236台設置されていて，平均して国民37人に1台の割合です．そして年間約200万台が生産されています．つまり入れ替えが頻繁に行われていることになります．

また，フィーバー台登場後，オートメーション化の波が押し寄せ，今やパチンコ台は，メカトロニクス機器になっています．1台あたり，LSI 1個，IC 14個，トランジスタ20個も使われています．

さて，このように人気のあるパチンコについて確率的に考えてみます．木下教授の教え子小林くんはパチンコに熱中しており，休日などによく気晴らしに行くそうです．そんな小林くんが木下教授に，フィーバーの確率について次のように質問しました．

「教授，例えばあるパチンコ店に入り，ある台でパチンコをしているとします．その台は，1時間に平均3回フィーバーが起こるとします(これはあくまで平均である．念のため)．とい

第1章 確率

うことは，1時間に2回起こる確率は3回起こる確率の$\frac{2}{3}$で，1回起こる確率はその$\frac{1}{3}$，そして，1回も起こらない確率はゼロになりますよね．つまり，このパチンコ台で，1時間足らずプレーしていて，まだ1回もフィーバーしていないということは，もうすぐ必ずフィーバーするということでしょうか」

さて，小林くんのいうとおり，1時間あたり2回フィーバーする確率は，3回起こる確率の$\frac{2}{3}$で，1回の場合は$\frac{1}{3}$，そして，1回もフィーバーが起こらない確率は0なのでしょうか．

問題

「フィーバー」が起こる確率や「特定のサイの目」が出る確率は推計できる．しかし，その解釈を誤ると，とんでもないことになる．これらの確率の解釈を正しく推論できるツールはあるのだろうか．

1時間にフィーバーが3回起こるというのは，あくまでも平均の回数です．だとしたら，1時間に5回起こることもあれば，1回も起こらないこともあるはずです．

そもそも「確率」とは，一体何なのでしょうか？　例えば，サイコロを1回振ったとき，ある特定の目が出る確率は$\frac{1}{6}$です．では，逆に，サイコロを6回振ったとき，ある目が1回出る確率はどうでしょうか？

うっかりすると，$\frac{1}{6} \times 6 = 1$などと考えてしまいます．確率1とは，すなわち確率100%であり，「6回振れば，必ずその目が1回は出る」という意味です．ところが実際は，そんなことはありえません．6回はおろか，10回，20回，いや100回，

問題6 パチンコの必勝法

1000回振ろうと，その目が1度も出ないことだって理論的にはありえます．

実は，サイコロを6回振ってある目が1回出る確率は，実に40%強です．そして，1回も出ない確率は，約35%となります．図11(A)のグラフにおいて出た目の回数1，0における確率Pを見れば一目瞭然です．

さて，本題に戻ります．フィーバーが無秩序(ランダム)に起こりうるようなパチンコ台では，フィーバー回数の確率は，ポアソン分布に従うと考えられます(電動式で，球が連続して十分に多く放たれると考えられるから！)．このパチンコ台のよ

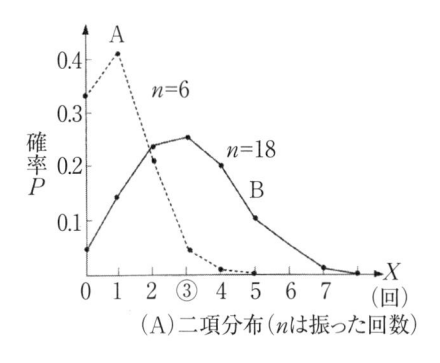

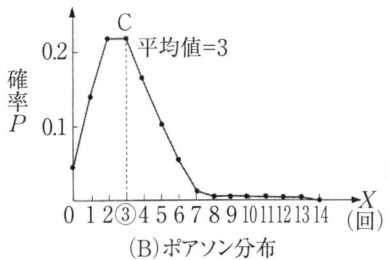

図11 二項分布とポアソン分布

うに，1時間の平均フィーバー回数が「3」の場合のポアソン分布は，図11(B)のグラフCに示したとおりです．

このグラフによれば，1時間に，フィーバーが3回起こる確率 $P(3)$ は，0.224 となります．ところが，フィーバーが2回起こる確率 $P(2)$ もやはり 0.224 であり，3回起こる確率と全く同じです．つまり，平均値である3回の場合が最も起こりやすいとは限りません．

次に，1時間にフィーバーが1回起こる確率 $P(1)$ は 0.149 で，$P(3)$ の約 $\frac{2}{3}$ であり，やはり，$\frac{1}{3}$ になりません．さらに，1時間に1回もフィーバーが起こらない確率 $P(0)$ は，約 0.05 で，これも0にはなりません．Aくんの推測は，ことごとく間違っていました．

ところで，このポアソン分布というものについて，少々説明します．前にも触れましたが，サイコロを6回振ったとき，ある目が X 回出る確率は，図11(A)のAのようになります．また，1回振ったときのある目の出る確率は $\frac{1}{6}$ ですから，6回振ったときの平均出現回数(確率ではありません．念のため)は $6 \times \frac{1}{6} = 1$ 回となります．

一方，図11(A)のBは，サイコロを18回振ったときにある目が X 回出る確率を示したグラフです．この場合，ある目が出る平均回数は $18 \div 6 = 3$ ですから，3回となります．A，Bのような分布を二項分布といいますが，問題にあるポアソン分布(平均出現回数3)Cは，サイコロを18回振ったときの平均出現回数3を一定にしたままで，サイコロを無限回(十分に何回も)振ったときの状態を示しています．サイコロをいくら振

問題6　パチンコの必勝法

っても平均回数3は変わらないのですから，当然，ある目の出る確率は無限に小さくなっていきます．つまり，1000回，10000回など，サイコロの出目の回数が十分多くなりますので，ある特定の目の出方が，十分小さくなることを意味しています．

また，「サイコロを十分に何回も振る」ということが，「球が連続して十分に多く放たれる」ことに対応しているのはいうまでもないでしょう．要するに，ポアソン分布とは，二項分布の極限状態を表しています．すなわち，電動式のパチンコがポアソン分布に従い，古い手打ち式のパチンコ(十分に多くの球が放たれない)が，二項分布に従っています．

次に，これら二項分布とポアソン分布の数学的説明を付け加えます．

> 二項分布：サイコロを投げて，偶数の目の出る回数を数えます．このとき，ある事象E(この場合，偶数の目が出ること)の結果は，他の事象の結果に影響はありません．さらに，ある事象Eの生起する確率は一定です．このような場合，サイコロを投げるという行為をn回繰り返したとき，ある事象Eの生起する回数の分布を二項分布といいます．

この実験において，ある事象Eの起こる確率をP，起こらない確率を$q(=1-P)$とします．n回の試行で，事象Eがx回起こる確率は

$$f(x) = {}_nC_x P^x q^{n-x} \quad (x=0, 1, 2, \cdots, n)$$

となります．なお，この$f(x)$の平均値はnPとなります．

　ポアソン分布：上で説明した二項分布において，平均値nPを一定値μとして，nを大きくすると（$P=\dfrac{\mu}{n}$は当然小さくなります），ポアソン分布に近づきます．このポアソン分布は，

$$f(x) = \frac{\mu^x}{x!} e^{-\mu} \quad (x=0, 1, 2, \cdots, n)$$

となります．なお，この$f(x)$の平均値は，当然μです．

🔑解答

> このような問題を解決するのに最も適したツールに，パチンコの場合はポアソン分布，サイコロの場合は二項分布がある．この例で示した解釈の誤謬は，パチンコはポアソン分布，サイコロは二項分布でそれぞれ解消され，正しい解釈が得られる．

　小林くんの数学的な誤りを解消し，正しい考え方を伝授した木下教授でしたが，秘書の三浦さんには，「教授，数学的な間違いの前に，パチンコに行くよりもまずは勉強だよ，と諭すのが，教える者の務めというものじゃありませんか」と叱られてしまいました．

問題 7　カギの探し方

　不動産会社に勤める藤原さんは，現在単身赴任中です．あるプロジェクトが一段落したとき，奥さんと子供のお願いに負け，1 週間休暇を取って自宅へ帰ることになりました．その際，会社の同僚である坂本さんに自分のマンションの部屋を管理してもらうことにしました．ところが，この坂本さん，カギは預かったものの，どのカギがマンションの部屋のカギか忘れてしまいました．なんと藤原さんは，仕事の関係上いつもキーケースに 10 個のカギを持ち歩いていて，そのうちの 1 個が自分のマンションのカギなのです．

　そこで坂本さんは，これらのカギの中から任意に 1 個ずつ選んで試してみることにしました．さて，平均何回目くらいでドアが開くでしょうか？　ただし，試してダメだったカギを，キーケースへ戻さない場合と元へ戻す場合について考えなければならないとします．

　また，あるお菓子のおまけには，人気のある野球選手 10 人のうち 1 人のカードが 1 枚入っています．そして，この 10 人の野球選手のカードをすべて集めると懸賞が当たる仕組みになっています．

　各野球選手のカードの出る確率を $\frac{1}{10}$ とすると，10 人の野球選手のカードを全部集めて懸賞をものにするには，平均何個

のお菓子を買わなくてはならないでしょうか？

> **問題**
>
> 10個のカギの中から適合する1つのカギを探す場合や，10人の野球選手のカードをすべて集めるなどに共通する考え方を表現する方法はないだろうか？ もしあれば，それぞれの試行回数がわかるのだが…….

カギを探すとき，まずカギをキーケースへ戻さない場合と戻す場合に分けて考える必要があります．

(1) 元へ戻さない場合

1回目に開く確率……$\frac{1}{10}$

2回目に開く確率……(1回目に開かない確率)$\times \frac{1}{9} = \frac{1}{10}$

3回目に開く確率……(1回目も2回目も開かない確率)$\times \frac{1}{8}$

$$= \frac{9}{10} \times \frac{9}{8} \times \frac{1}{8} = \frac{1}{10}$$

同様に，10回目に開く確率まで，同じ $\frac{1}{10}$ となります．したがって，その期待値(平均値)は，

$$E(x) = \frac{1}{10}(1+2+3+\cdots\cdots+10) = 5.5$$

となります．つまり，カギを元へ戻さない場合は，平均して5.5回目にカギが開くことになります．

(2) 元へ戻す場合

ある試行において，毎回，事象Eの起こる確率をPとすれば，

事象 E の起こらない確率は $(1-P)$ となります．したがって，x 回目に初めて E が起こる確率は，$(x-1)$ 回連続してカギが合わなくて（確率 $1-P$），x 回目に初めてカギが合う（確率 P）から，

$$f(x) = P(1-P)^{x-1}$$

となります．このような確率分布を幾何分布といいます．カギを1個ずつ試して元へ戻す場合は，$P = \frac{1}{10}$ の幾何分布になることは，一目瞭然でしょう．

さて，この幾何分布の期待値（平均値）は，

$$E = xP(1-P)^{x-1} = P\{1 + 2(1-P) + 3(1-P)^2 + \cdots\}$$

$$= P\frac{1}{\{1-(1-P)^2\}} = \frac{P}{P^2} = \frac{1}{P}$$

となります．したがって，この例の場合，その期待値（平均値）は10となります．

つまり，カギを元へ戻す場合は，平均して10回目にカギが開くことになります．

また，野球選手のカード問題は，次のように考えるとわかりやすいでしょう．すなわち，「1から10までの番号のついたボールが箱に10個入っています．これから1個ずつ取り出しては元へ戻すという試行を続けるとき，10個の番号すべて取り出されるのは平均何回目くらいでしょうか？（図12参照）」と問題を読み替えればよいのです．

この問題において，r 種類の番号が取り出されるまでの Z_r を求めます．初めて $(r-1)$ 種類目が取り出された次の回から，初めて r 種類目が取り出されるまでの回数を Y_r とすると，

①　　　⑤　　　　　　　　　　　　⑧
　　　　　　　③　　⑩
⑦
　②　　④　　⑥　　　⑨

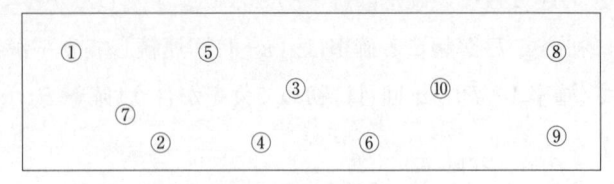

図12　幾何分布の例

$$Z_r = Y_1 + Y_2 + \cdots\cdots + Y_r$$

となります．また，$(r-1)$ 種類の番号が取り出されたとき，r 種類目の番号が取り出される確率 P は，

$$P = \frac{10-(r-1)}{10} = \frac{10-r+1(\text{新しく取り出されることになる番号})}{10(\text{全種類の番号の数})}$$

であり，Y_r は，幾何分布に従っています．つまり前述したカギの問題と同じと考えることができます．よって，Y_r の期待値(平均値)は，

$$E(Y_r) = \frac{1}{P} = \frac{1}{10-r+1}$$

となります．ゆえに，Z_r の期待値(平均値)は，

$$\begin{aligned}E(Z_r) &= E(Y_1) + E(Y_2) + \cdots\cdots + E(Y_r) \\ &= 10\left(\frac{1}{10} + \frac{1}{10-1} \cdots\cdots + \frac{1}{10-r+1}\right)\end{aligned}$$

となります．したがって，10種類の番号を全部そろえるのに要する回数の期待値(平均値)は，前式において，$r=10$ のときです．よって，

$$E(Z_{10}) = 10\left(\frac{1}{10} + \frac{1}{9} + \cdots + \frac{1}{2} + 1\right) = 29.29 \fallingdotseq 30$$

となります．つまり，選手10人のカードを全部集めるためには，約30個のお菓子を買わなくてはならないことになります．

> **🔑 解答**
>
> このような問題を解決するのに最も適したツールは，幾何分布である．本問を幾何分布を用いて分析すれば，10個のカギの中から正しいものを探す試行回数は10回，10人の野球選手のカードをすべて集めるための試行回数は30回であることがわかる．

ようやく藤原さんの部屋に入れた坂本さん，管理を終えて家に帰ろうとしたところ，野球少年である息子から「お父さん，ぼく，あのお菓子の懸賞がどうしてもほしいんだ」とお願いされてしまいました．やれやれ，30個もお菓子を買って帰って，食べきらなければいけないのか．坂本さんは深くため息をつき，お菓子が売っていそうなスーパーへと入っていきました．

第1章 確率

問題8 待ち合わせのタイミング

木下教授は，久しぶりに友人の小野氏と外で食事することにしました．ところが，お互い忙しく，待ち合わせは午後6時から午後6時半の間となりました．2人ともかなりせっかちな性格であり，木下教授と小野氏は，6時から6時半の間の好きな時刻に約束の場所に到着し，しかも相手を5分以上は待たないとします．ただし，2人とも，6時から6時半の間の到着確率は均一であるとします．

このとき，2人がうまく会うことができる確率はいくらでしょうか？

> **問題**
>
> 木下教授と小野氏が無事会うことができる確率はどれくらいだろうか．また，このことを知るために，何かよいツールはないだろうか．

木下教授の到着する時刻を6時x分，小野氏の到着する時刻を6時y分とすると，

$$0 \leq x \leq 30$$
$$0 \leq y \leq 30$$

であり，この場合の可能性の集合Uは，図13に示すような正

問題 8　待ち合わせのタイミング

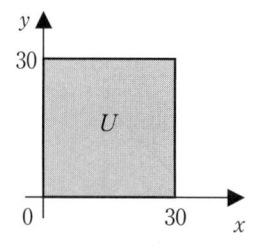

図13　待ち合わせの可能性

方形の内部に相当します．そしてそれらは，同時に期待されると考えることができます．

ところで，木下教授たち 2 人が会うことができるのは，x と y の差が 5 分以内のときですから，

$$|x-y| \leq 5$$

となります．すなわち，

$$\begin{cases} x-y \leq 5 \\ y-x \leq 5 \end{cases}$$

に囲まれる部分です．したがって，出会うことができる範囲は，図14のアミの部分です．また，その確率は

$$\frac{a の面積}{U の面積} = \frac{30^2 - 2 \times \frac{1}{2} \times 25^2}{30^2} = \frac{11}{36}$$

となります．

第1章 確率

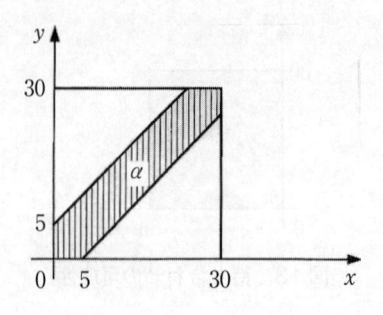

[図14]

図14 出会うことができる可能性

次に，木下教授たち2人が会えたときに，木下教授のほうが先に到着する確率は，α（図14参照）という条件の下に，

$$x \leq y$$

が起こる条件付き確率になります（図15参照）．

すなわち，その確率は

$$\frac{\beta}{\alpha} \ (\alpha, \beta のそれぞれの面積の比)$$

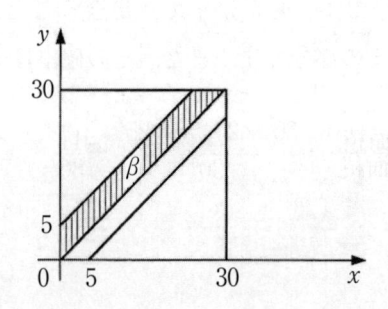

[図15]

図15 木下教授が先に到着する可能性

問題 8 待ち合わせのタイミング

となり，結局 $\frac{1}{2}$ です．

以上でこの問題は解決されましたが，このような確率分布（6時から6時半までの到着確率が均一であり，それ以外の時間帯には絶対到着しない）は，一様分布と呼ばれています．すなわち，一様分布とは，$a<b$（a から b の間で現象が起こることを想定しています）のとき，

$$f(x) = \begin{cases} 0 \, (x \leq a) \\ \dfrac{1}{b-a} \, (a<x<b) \\ 0 \, (b \leq x) \end{cases}$$

と表されるものです（図16参照）．

この例の場合，a が 6 時であり，b が 6 時半となります．なお，この $f(x)$ の平均値は分布が均一ですので，

$$\frac{a+b}{2}$$

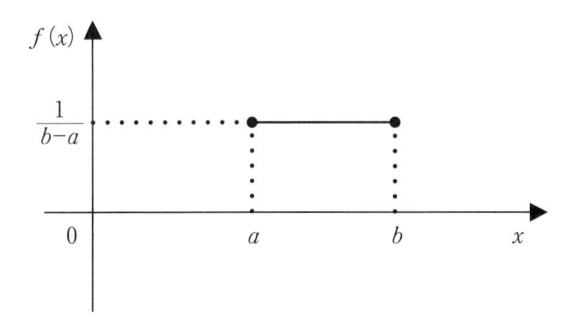

図16 一様分布

となります.また,このときの分散は,

$$\frac{(b-a)^2}{12}$$

となります.

次に,一様分布の例をもう1つ紹介します.ある鉄道会社は,20分間隔で電車を運行しています.電車の発車時刻をまったく知らない人が駅に行ったとき,平均どれくらい待たなければならないでしょうか? また,この待ち時間の標準偏差はいくらでしょうか?

待ち時間 x(分)の関数 $f(x)$ は,次に示す一様分布として表されます.

$$f(x) = \begin{cases} \dfrac{1}{20-0} & (0 \leq x \leq 20) \\ 0 & (その他の x) \end{cases}$$

x がこの分布に従うとき,

$$平均値:\frac{20+0}{2}=10(分)$$

$$分\quad散:\frac{20^2}{12}=33.33$$

$$標準偏差値:\sqrt{33.33}=5.77(分)$$

となります.

> **🔑解答**
>
> このような問題を解決するのに最も適したツールは一様分布である．一様分布は，鉄道やバスなどの公共交通機関の待ち時間や，特定の時刻の電車・バスに乗車できる確率を推定できる．本問の例を一様分布で分析すれば，2人が無事会える確率は$\frac{11}{36}$であることがわかる．

木下教授と小野氏は無事食事に出かけることができました．食後，このことを話題にすると，「そうか，ぼくたちがここで食事できているのは，確率的には分が悪いことだったんだなあ．よし，無事会えたことを祝して，もう1軒いこうじゃないか！」と小野氏は元気に立ち上がりました．今日は長い夜になりそうです．

第1章 確率

問題9 電子機器の寿命

ある電子機器メーカーの社長である野口氏は,開発中の新製品の品質管理に頭を悩ませています.それは,新製品の平均寿命を正確に予測することが,自社への信用の創出と経営戦略にとって必要不可欠であることに,野口氏自ら気がついたからです.

お客様からは,平均寿命180時間の製品を求められています.製造現場からは,「今の平均寿命は,180時間には届いていません」「いや,たまに180時間を超えるものもあります」など,さまざまな報告がありました.どのように分析すればよいでしょうか.

> **問題**
>
> 製品の平均寿命を求めるために必要なツールはあるのだろうか.そして,野口氏の悩みは解消できるのだろうか.

この分析を行うためには,正規分布がどのような分布かを知らなければなりません.正規分布とは,ガウス分布とも呼ばれ,自然現象や社会現象に見られるごく一般的な現象を曲線にしたものです.例えば,人間の身長や体重の分布,あるいは試験の成績の分布などは,平均値のところが最も頻度が大きく,上に凸であり,平均値から離れるに従い,頻度が小さく下に凸

になる曲線を示します．すなわち，関数 $f(x)$ が次の式で表される分布をいい，$N(m, \sigma^2)$ と表します．ただし，m は平均値を，σ は標準偏差を示しています．

$$f(x) = \frac{1}{\sqrt{2\pi}\,\sigma}\, e^{-\frac{(x-m)^2}{2\sigma^2}}$$

この関数のグラフを，正規分布曲線またはガウスの誤差曲線と呼びます（図17）．この正規分布の平均値，分散は，前述したように，それぞれ m，σ^2 です．

この正規分布において，平均値を0，分散を1に変数変換した確率分布を標準正規分布といいます．標準正規分布は，平均値を0，分散を1にすることにより，正規分布をより使いやすくしたものです．具体的には，以下のように変数を変換します．

$$t = \frac{x-m}{\sigma}$$

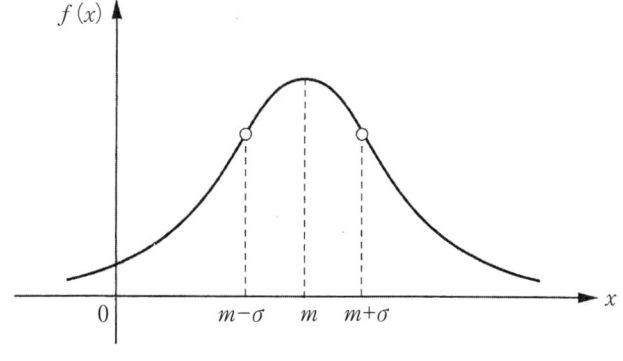

図17　正規分布

また，標準正規分布は図 18 に示すような関数を有する確率分布です．

$$f(t) = \frac{1}{\sqrt{2\pi}} e^{-\frac{t^2}{2}}$$

ただし，標準正規分布の平均値，分散はそれぞれ，0, 1 です．

次に，標準正規分布に関する重要な性質を示します．標準正規分布において，変数 X が次に示す範囲にあるときの確率 P は，以下のようになります．

$$P(-\sigma \leq X \leq +\sigma) \fallingdotseq 68\%$$

つまり，標準正規分布において，平均値(0)をはさんで$-\sigma$から$+\sigma$の間の面積は，全体の 68% となります(図 19 参照)．

また，標準正規分布において，平均値をはさんで-2σから$+2\sigma$の間の面積は全体の 95.5% となります(図 20 参照)．

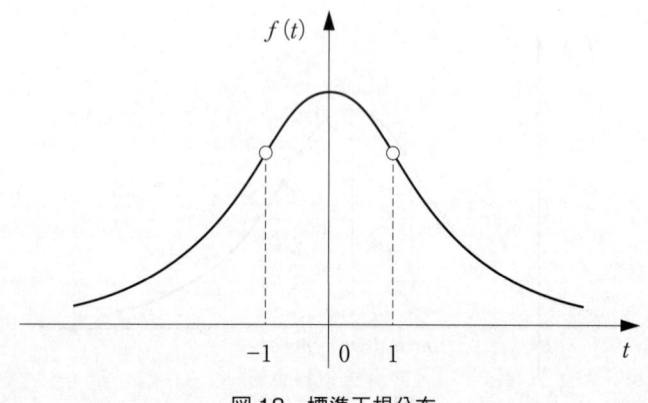

図 18 標準正規分布

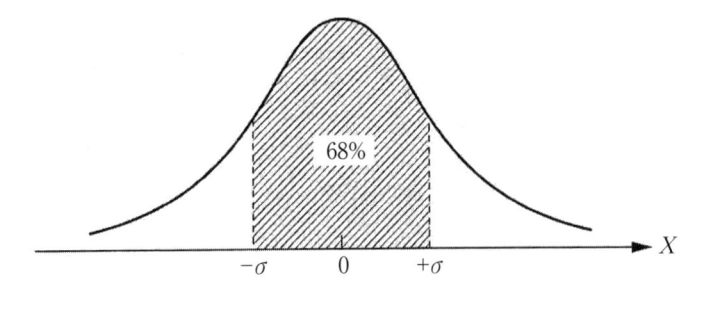

問題 9 電子機器の寿命

図 19 ±σ の範囲

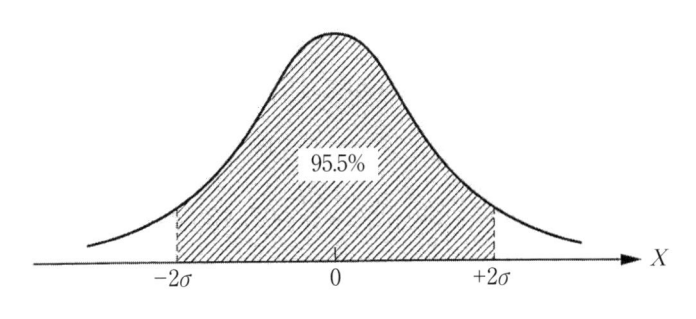

図 20 ±2σ の範囲

$$P(-2\sigma \leqq X \leqq +2\sigma) \fallingdotseq 95.5\%$$

そして，標準正規分布において，平均値をはさんで -3σ から $+3\sigma$ の間の面積は全体の 99.7% となります（図 21 参照）．

$$P(-3\sigma \leqq X \leqq +3\sigma) \fallingdotseq 99.7\%$$

一方，標準正規分布において，全体に占める面積の割合が 95%, 99%, 99.9% である X の範囲は，次に示すとおりです．

第1章 確率

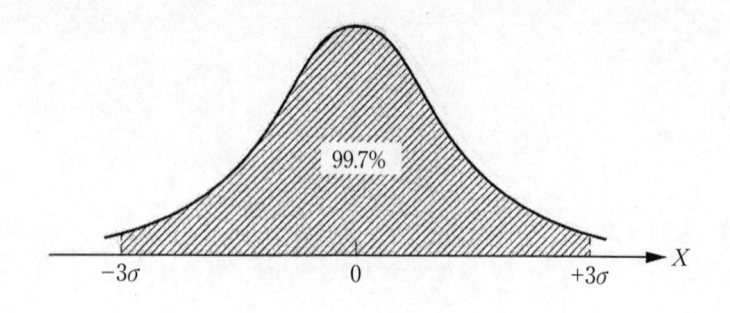

図21　±3σの範囲

$$P(-1.96\sigma \leq X \leq +1.96\sigma) \fallingdotseq 95\%$$

標準正規分布において，平均値をはさんで-1.96σから$+1.96\sigma$の間の面積は全体の95%となります．

$$P(-2.58\sigma \leq X \leq +2.58\sigma) \fallingdotseq 99\%$$

標準正規分布において，平均値をはさんで-2.58σから$+2.58\sigma$の間の面積は全体の99%となります．

$$P(-3.29\sigma \leq X \leq +3.29\sigma) \fallingdotseq 99.9\%$$

標準正規分布において，平均値をはさんで-3.29σから$+3.29\sigma$の間の面積は全体の99.9%となります．

以上で説明した正規分布を用いて，本題である新製品の平均寿命を考えます．分析の結果，平均寿命は平均値が160時間，標準偏差が20時間の正規分布であることがわかりました．そこで，この電子機器を任意に3つ選んだとき，その中に寿命が

180 時間以内のものがない確率を求めます.

電子機器の中から任意に選んだ 3 つの製品をそれぞれ X_1, X_2, X_3 とします. 題意より, X_1, X_2, X_3 は互いに独立であり, そのいずれも関数 $f(x)$ が,

$$f(x) = \frac{1}{20\sqrt{2\pi}} e^{-\frac{1}{2}\left(\frac{x-160}{20}\right)^2}$$

で与えられる確率分布(正規分布)です. したがって, 1 つの電子機器の寿命が 180 時間以上になる確率は,

$$P(X_K \geq 180) = P(160 \leq X_K) - P(160 \leq X_K \leq 180)$$
$$\vdots \qquad \vdots \qquad \vdots$$

となります. ここで, 正規分布 $N(160, 20^2)$ を, 計算を簡略にするために標準化, つまり標準正規分布に変換します.

$$t = \frac{x-160}{20}$$

は, 標準正規分布に従いますから, 標準正規分布表(付表 1)より,

$$P(X_K \geq 180) = P(0 \leq t \leq \infty) - P(0 \leq t \leq 1)$$
$$= 0.5 - 0.3431$$
$$= 0.1587$$

となります. したがって, 求める確率は,

$$P(X_1 \geq 180 \text{かつ} X_2 \geq 180 \text{かつ} X_3 \geq 180) = (0.1587)^3$$
$$= 0.004$$

となります. つまり, この電子機器の中から任意に選んだ 3 製

品が，すべて180時間以上正常に作動する確率は，0.4%ということがわかります．

> **解答**
>
> このような問題を解決するのに最も適したツールは，正規分布である．本間を正規分布を用いて分析すれば，新製品を3個取り出したときの平均寿命が3つとも180時間以上である確率は，0.4%であることがわかる．
>
> また，このツールを用いる場合，正規分布表と標準正規分布表が必要となる．付表として収録したので，参照してほしい．

分析の結果，新製品はまだお客様の期待に応えられるものではない，と判断した野口氏は，追加投資を決意しました．会社にとって痛い出費ですが，あのまま出荷していたらどうなっていたでしょうか．野口氏は会社を非難する新聞記事や記者会見で深く頭を下げる自身の姿を想像し，ぞっとするとともに，よしやるぞ，と気持ちを切り替え，社長室から飛び出していきました．

問題 10　携帯電話の通話時間の推定

　最近のスマートフォンの普及率の上昇は目を見張るものがあります．中学生にまで普及し，老若男女を問わず，街角では，スマートフォンを使いこなしている光景をよく見かけます．そこで，現代の最新機器，スマートフォンに関する問題です．

　ある電子機器メーカーの社長である野口氏は，新製品の品質向上の手配のため，あちこちに電話で交渉していました．しかし，最近スマートフォンに変えたためか，慣れない操作で電話連絡に時間がかかって仕方ない，と感じています．スマートフォンに変える前は，大体5分以内で電話を終えていたような気がするのですが…．本当のところはどうなのでしょうか．

> **問題**
>
> 　携帯電話の通話時間の分布は，通話時間が短いほど頻度が大きく，通話時間が長いほど頻度が小さくなる．野口氏の平均通話時間が5分以内である確率がわかるようなツールはないのだろうか．

　これらの確率を求めるには，指数分布とはどのような分布かを知らなければなりません．さて，指数分布とはどのような分布なのでしょうか？

　関数$f(x)$が図22に示されるような確率分布を指数分布とい

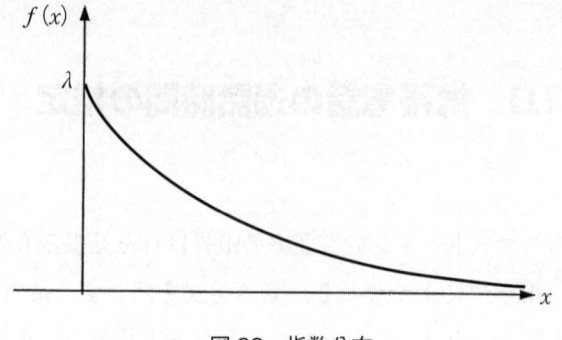

図 22 指数分布

います．そして，指数分布の関数 $f(x)$ は次のように示されます．

$$f(x) = \begin{cases} \lambda e^{-\lambda x} & (x \geq 0) \\ 0 & (x \leq 0) \end{cases}$$

また，指数分布の平均値，分散は，それぞれ，$\frac{1}{\lambda}$，$\frac{1}{\lambda^2}$ となります．

この指数分布を用いて，本問を考えていきます．

さて，野口氏の通話時間を X (分) とします．このとき，X の関数は次のように定めます．

$$f(x) = \begin{cases} \frac{1}{5} e^{-\frac{1}{5}x} & (x > 0) \\ 0 & (x \leq 0) \end{cases}$$

つまり，平均通話時間は 5 分と考えます．このとき，次に示す場合の確率を求めると，以下のようになります．

① 野口氏の通話時間が 5 分 (平均通話時間) 以内である確率

問題 10 携帯電話の通話時間の推定

② 野口氏の通話時間が 10 分以上である確率

以上 2 つの問題を,指数分布を用いて計算します.

①の野口氏の通話時間が 5 分以内である確率 P_1 は,次のようになります.

$$P_1 = \int_0^5 f(x)\,dx$$
$$= \frac{1}{5}\int_0^5 e^{-\frac{x}{5}}dx$$
$$= \frac{1}{5}\left[-5e^{-\frac{x}{5}}\right]$$

すなわち,

$$P_1 = 0.6321$$

であり,平均通話時間(5 分)以内である確率は約 63% であることがわかります.

②の野口氏の通話時間が 10 分以上である確率 P_2 は,次のようになります.

$$P_2 = \int_{10}^\infty f(x)\,dx$$
$$= \frac{1}{5}\int_{10}^\infty e^{-\frac{x}{5}}dx$$
$$= \frac{1}{5}\left[-5e^{-\frac{x}{5}}\right]$$
$$= \frac{1}{5}\left[5e^{-2}\right]$$
$$= e^{-2}$$

となります.すなわち,

第1章 確率

$P_2 = 0.1353$

であり，平均通話時間(5分)の2倍(10分)以上である確率は，約13%であることがわかります．

また，前問で取り上げた寿命の分析を，別の角度から考えてみます．前問では，電子機器の寿命を正規分布として考えましたが，本問では指数分布として考えます．この分布は，寿命が短い電子機器ほど頻度が大きく，寿命が長い電子機器ほど頻度が小さくなります．このような場合の分布も必要です，という声が現場から上がってきたからです．そこで，ある電子機器の寿命は，平均値200時間の指数分布をしているといいます．このような電子機器が200個収納されている倉庫があります．このとき，つぎの確率を計算します．

① 倉庫の中からランダムに1つの電子機器を選ぶとき，その寿命が100時間以上である確率

② 倉庫の中から4つの電子機器をランダムに選ぶとき，その中の少なくとも1つの電子機器の寿命が100時間以上である確率

①の場合：

この電子機器の寿命は，平均寿命が200時間の指数分布です．したがって，パラメーター(λ)が $\frac{1}{200}$ の次のような関数となります．

$$f(x) = \frac{1}{200} e^{-\frac{1}{200}x} \quad (x \geq 0)$$

したがって，この電子機器の寿命が100時間以上である確率

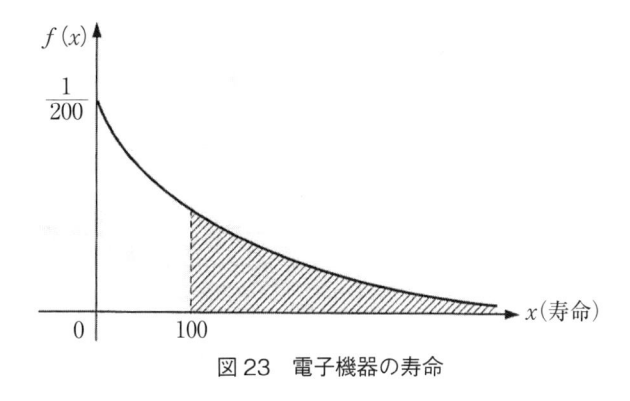

図23 電子機器の寿命

は，図23の斜線部分の面積ですから，

$$\int_{100}^{\infty} \frac{1}{200} e^{-\frac{1}{200}x} dx = [e^{-\frac{1}{200}x}]^{\infty} 100$$
$$= e^{-0.5}$$
$$= 0.6065$$

となります．すなわち，ある電子機器が100時間以上作動する確率は約60%であることがわかります．

②の場合：

電子機器の作動寿命が，100時間未満である確率は，①より0.6065です．したがって，4個の電子機器全部の作動寿命が100時間未満である確率は，$(1-0.6065)$ となります．その結果，少なくとも1つの電子機器の作動寿命が100時間以上の確率は，$(1-0.6065)^4$ となります．

第1章 確率

> 🔑 **解答**
>
> このような問題を解決するのに最も適したツールは，指数分布である．本問を指数分布を用いて分析すれば，野口氏の平均通話時間が5分以内である確率は0.6321であり，10分以上である確率は0.1353であることがわかる．

分析の結果，そこまで通話時間は長くなっていませんでした．気のせいか，と少し安心した野口氏は，「よし，次は会議時間がどうなっているか調べてみよう」と思いつき，また社長室を飛び出していきました．

問題 11　うわさの伝播の秘密

　女優の大野美空が，人気絶頂のまま俳優の田中歩と結婚・引退したのは，3年前のことでした．全国のファンに，永遠の愛を誓ったふたり……．以来，美しくも神聖不可侵なふたりの仲に水を差すような発言は，芸能界でもタブーになっていました．

　ところが最近になり，こともあろうに「ふたりが離婚する」といううわさがチラホラ囁かれ出しました．芸能人仲間のひとりからこのことを聞いた田中は激怒しました．そして，大野の手をとり，こう言って嘆いたそうです．「いったい誰が，こんなひどいウソをでっちあげたんだろう．『ふたりの仲があやしいといううわさがありますが』なんて，誘導尋問をして．ぼくははっきりと，『ぼくたちは離婚しません』と言ったのに……」

　ふたりの離婚説を大っぴらに人前で語るのがタブーだとすれば，このうわさは，記者から記者へひそかに伝わっていったと思われます．とすると，ある悪意に満ちた特定の芸能記者がうわさの元凶なのでしょうか．あるいは，芸能記者のすべてが平気でウソをつく悪者なのでしょうか．さて，犯人はいったい誰なのでしょう．

第1章　確率

> **問題**
>
> 　はっきりと「離婚などしない」と宣言したにもかかわらず，「大野と田中が離婚する」といううわさが広まってしまった．このような，うわさが伝播していく現象を説明できるツールはないのだろうか．

　たとえ悪意に満ちた特定の芸能記者がウソをつかず，すべての芸能記者が人並みの良心をもっていたとしても，やはり「ふたりは離婚する」といううわさは広まるべき運命にありました．これがこの問題の結論です．ウソがいかにしてマコトを駆逐するか，そのメカニズムを説明します．

　例えば，あるうわさを人から聞いたとき，ほとんどの場合，正確に，聞いたとおりのことを他人に伝えようとするでしょう．しかし，うわさの内容によっては，べつに実害があるわけではなし，話をおもしろくしてやろう，などとついイタズラ心を起こすことがないとはいえないのではないでしょうか．10回そういうチャンスがあったら，そのうち1回くらいは，そんな気持ちになっても不思議はないはずです．

　この本をお読みになっているあなたは，たぶん，マジメで正直な人なのでしょう．100％とはいかなくても，80％から90％のマジメさには自信をもっているでしょう．ここで芸能記者の場合は，商売柄スキャンダルを起こしたくてウズウズしているわけですから，意図的にニセの情報を他人に伝えるパーセンテージは，もう少し高く見積もってもよいかもしれません．そこで，「大野と田中は離婚しない」と聞いた記者が，次の記者

に「あのふたりは離婚しない」とそのまま正直に伝える確率を80%,「あのふたりは離婚する」と虚偽の情報を伝える確率を20%と仮定します.

さらに,「あのふたりは離婚する」と聞いた記者が, 次の記者に「あのふたりは離婚する」と, そのまま伝える確率を90%,「ふたりは離婚しない」とウソ(実際は真実ですが, この記者にとってはウソをついていることになります)を伝える確率を10%とします. こちらのほうがウソをつく確率が低いのは, そのまま正直に伝えたほうがおもしろいから, という理由とします.

さて, 田中がある芸能記者の質問に「離婚はしません」と答えてから, これが2人目, 3人目, ……と伝わっていったとして, 最終的には, 記者たちの何割が真実を伝え, 何割が虚偽を伝えたでしょうか.

伝達途中の記者は, 前の人の情報をもとに判断するしかありません. したがって, その記者が次の記者に伝える情報の真偽自体は, その記者の良心(あるいは悪意)と直接対応しないことはいうまでもないでしょう.

このような数学的推移関係は, 専門的には「マルコフ連鎖」と呼ばれています. 旧ロシアの数学者マルコフが, プーシキンの詩「オネーギン」の中の母音と子音の分布状態を調べているときに, 偶然発見したといわれている法則です.「マルコフ連鎖」を数学的用語を用いずに説明するのはむずかしいですが, ごく大ざっぱにいえば,「ある段階における事象が, その直前の事象に左右され, それ以前の事象には左右されないような状

況を数学的に表現したもの」です．つまり，「未来は現在のみ関係し，過去には関係しない」という場合です．

ところで，このマルコフ連鎖により，本問を計算してみよう．まず，1人目の記者では，「離婚しない」と伝える確率は0.8%，「離婚する」が0.2%ですが，2人目では，この比率は，0.66と0.34になります．こうして10人目になると，「離婚しない」が0.35，「離婚する」が0.65で，「離婚しない」よりも「離婚する」とうわさする確率のほうが高くなってしまいます．

このようにして，うわさが口から口へと伝わっていき，長い時間がたつと，最終的には，芸能記者たちの $\frac{1}{3}$ が「離婚しない」といい，$\frac{2}{3}$ が「離婚する」という結果になります．

田中は「大野と離婚しない」と断言しました．それがいつのまにか，1対2で離婚のうわさをする人のほうが多くなってしまいました．芸能記者たちが，善良な市民なみに，80%の良心をもっていると仮定しても，こうなってしまうのです．この計算プロセスを数学的に表現すると次のようになります．

例えば，離婚しないという状態を1，離婚するという状態を2とすれば，推移グラフ(図24(a))と推移確率行列Pは，次のようになります(図24(b))．

ところで，最初の状態は，田中が断言したような状態1(離婚しない)ですから，状態式 $q(t)$ (時間 t のときの状態)は，

$$q(t) = (離婚しない, 離婚する)$$
$$q(0) = (1, 0) \cdots (最初の状態)$$

となります．したがって，t 時間後までの状態式は以下のよう

問題 11 うわさの伝播の秘密

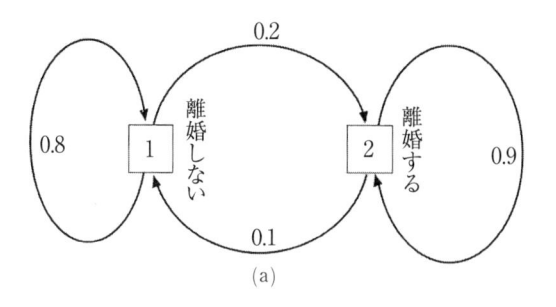

(a)

$$P = \begin{pmatrix} & 離婚しない & 離婚する \\ 離婚しない & 0.8 & 0.2 \\ 離婚する & 0.1 & 0.9 \end{pmatrix}$$

(b)

図 24 マルコフ連鎖の推移

になります.

$$q(1) = q(0)P$$
$$q(2) = q(1)P = q(0)P_2$$
$$\vdots$$
$$q(t) = q(t-1)P = q(0)P_t$$

したがって, t 時間後の状態は, 上式を解けば知ることができます. ところで, 上式における P_t を計算するにはかなり複雑になるので, 簡単に求められる公式をあげておきます. ただし, この式は推移確率行列 P が 2 行 2 列の場合です. このときの P を次のように記述します.

第1章 確率

$$P = \begin{bmatrix} \alpha & 1-\alpha \\ 1-\beta & \beta \end{bmatrix}$$

P が上式で表されるとき，Pt は次のようになることがわかっています．

$$P_t = \frac{1}{2-\alpha-\beta}\begin{bmatrix} 1-\beta & 1-\alpha \\ 1-\beta & 1-\alpha \end{bmatrix}$$

$$+ \frac{(\alpha+\beta-1)^t}{2-\alpha-\beta}\begin{bmatrix} 1-\alpha & -(1-\alpha) \\ -(1-\beta) & 1-\beta \end{bmatrix}$$

そこで，本問における P を次のように記述します．

$$P = \begin{bmatrix} 0.8 & 1-0.8 \\ 1-0.9 & 0.9 \end{bmatrix} \quad \begin{array}{l} \alpha = 0.8 \\ \beta = 0.9 \end{array}$$

上式で示した α，β の値を P_t の公式に代入して整理すると，

$$P_t = \frac{1}{3}\begin{bmatrix} 1+(0.7)^t \times 2 & 2-(0.7)^t \times 2 \\ 1-(0.7)^t \times 1 & 2+(0.7)^t \times 1 \end{bmatrix}$$

となります．したがって，

$$q(t) = q(0)P_t = \frac{1}{3}\{1+(0.7)^t \times 2.2 - (0.7)^t \times 2\}$$

となります．すなわち，t 時間後に離婚しないといううわさになる確率 $P_1(t)$ は，

$$P_1(t)=\frac{1}{3}\{1+(0.7)^t\times 2\}$$

となり，離婚するといううわさになる確率 $P_2(t)$ は，

$$P_2(t)=\frac{1}{3}\{2-(0.7)^t\times 2\}$$

となります．また，t を十分長い時間（無限大）とすると，

$$P_1=\frac{1}{3},\ \ P_2=\frac{2}{3}$$

となり，本問ですでに説明した結論と同じ結果となります．

― 🔑 解答 ―

　このような伝播現象に関する問題を正確に記述するのに最も適したツールは，マルコフ連鎖である．本問をマルコフ連鎖を用いて分析すれば，大野と田中が離婚するといううわさは，全体の $\frac{2}{3}$ を占めることになる．

　離婚騒動の渦中にある大野美空が，電撃復帰するらしい．それも，夫の田中歩と共演で．そのうわさは，あっという間に広がっていきました．注目を集める中，放送された番組は，教育番組の数学特集でした．ふたりは仲良くマルコフ連鎖について，自身の騒動を例にして解説し，驚くべき視聴率をたたき出しました．転んでもただでは起きない，これぞ芸能人の鑑だ，と誰もがふたりを讃えました．

第1章　確率

問題 12　人口移動現象のナゾ

　パンゲア共和国のどこそこに大雨が降って，井戸には水があふれている，といったうわさが流れるやいなや，マントル王国から何千という難民がドッと押し寄せる．ところが，聞くと見るとは大違い，そこでは，同じ雨でも砲弾の雨が降っていて，こんどはパンゲアからマントルへ，以前に倍する難民が移動してくる．こんな具合ですから，両国の国境では，軍隊と難民のいざこざが絶えません．まさに，悲劇が悲劇を呼ぶ惨状を呈していました．

　そこで，両国は1つの協定を結びました．両国の難民は，両国の間を自由に出入りできるものとする，としたのです．両国にとっては，人口が少々増減しても，その困窮ぶりが変わるわけではなく，それならいっそ国境など取っ払ってしまえ，と思ったのでしょう．本音を言えば周辺の別の国へ行ってほしいのですが，これら比較的豊かな周辺国は，頑として国境を閉ざし，両国の難民を受けつけません．国家エゴイズムというやつでしょうか．

　さて，現在の時点で，パンゲア共和国の人口は100万人，マントル王国は10万人とします．そして，1カ月ごとにパンゲア共和国から，その人口の1％がマントル王国に流入し，マントル王国からはその人口の4％にあたる難民がパンゲア共

問題 12 人口移動現象のナゾ

和国に移動するものとします．両国首脳は，この状況が続けばどうなってしまうのか，頭を悩ませていました．パンゲア共和国の $\frac{1}{10}$ しかないマントル王国の人口は，やがてゼロになってしまうのでしょうか．それとも，現在でも貧困に苦しむマントル王国の人口が何倍にもなってしまうのでしょうか．なお，出生，死亡などの条件は考えないものとし，かつ，両国以外の国とは人口の移動はないものとします．

> **問題**
>
> 貧困の悲惨さか，人口 100 万人のパンゲア共和国と人口 10 万人のマントル王国の間で，1 カ月ごとに，パンゲア共和国から人口の 1% がマントル王国に流入し，マントル王国からは人口の 4% にあたる難民がパンゲア共和国に移動するという大規模な難民の移動が続いている．このような状況を分析できるツールはないのだろうか．

パンゲア共和国とマントル王国の相互的な人口推移は，図 25 に示したようになります．1 カ月目はパンゲア共和国からマントル王国へは 100 万人の 1% である 1 万人が移り，マントル王国からパンゲア共和国へは 10 万人の 4% である 4000 人が流入します．その結果を差し引きすると，パンゲア共和国の人口は 99 万 4000 人，マントル王国の人口は 10 万 6000 人となります．

同様に，2 カ月目はパンゲア共和国から 99 万 4000 人の 1%，すなわち 9940 人がマントル王国へ出ていき，かわりにマントル王国からは 10 万 6000 人の 4%，つまり 4240 人がやってき

第1章 確率

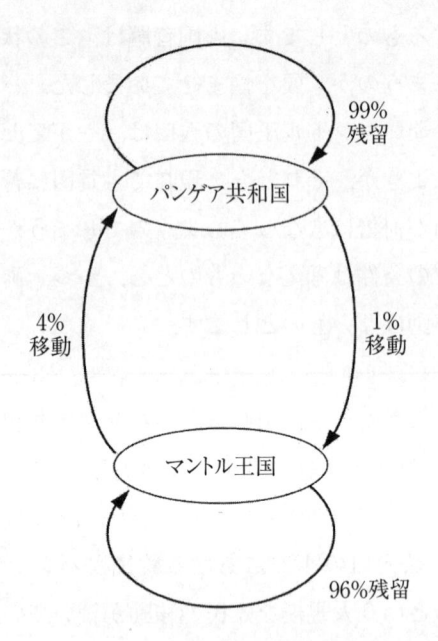

図25 正規マルコフ連鎖の推移

ます．差し引き，パンゲア共和国の人口は98万8300人，マントル王国は，11万1700人となります．

これを繰り返すと，いったいどういうことになるのでしょうか．結果だけを示すと，最終的には，パンゲア共和国の人口は88万人，マントル王国の人口は22万人となります．つまり，4対1の比率になったところで，あとはまったく変化しなくなります．88万人の1％は8800人，22万人の4％も8800人ですから，8800人がお互いに出たり入ったりするだけで，絶対数は変わらないというわけです．

ここでおもしろいのは，この最終的な人口比率は，両国の最

初の人口数とまったく関係がない，ということです．すなわち，最初の人口が，逆にパンゲア共和国が10万人で，マントル王国が100万人であったとしても，総人口が110万人であれば，やはりパンゲアが88万人，マントルが22万人になります．

さらに，両国の人口が1億対1億であっても，1億対1000でも，人口移動の比率が1％対4％であるかぎり，パンゲア対マントルの最終的人口比は，4対1に落ち着きます．総人口が変われば，実数も変わってくるのは当然ですが，その比率は変わらない，すなわち，「両国の最終的人口比は，もとの人口数に無関係に，人口移動率の逆数となる」ということです．例えば，パンゲアからマントルへ5％，マントルからパンゲアへ12％人口が移動する場合は，パンゲアとマントルの最終的人口比は12対5となります．なんとも不思議な現象ではないでしょうか．このような現象もまた，マルコフ連鎖の問題です．

本問のように，全体の人口数が一定の枠内での人口移動現象は，正規マルコフ連鎖と呼ばれます．これによると，最初の初期状態，すなわち，パンゲア共和国，マントル王国の最初の人口数とは無関係に，ある一定比率 $t(t_1, t_2)$ に近づくことがわかっています．すなわち，

$$t \cdot P = t$$

が成り立ちます．本問における P は，図25より，

$$P = \begin{array}{c} \\ A \\ B \end{array} \begin{array}{cc} A & B \\ \left[\begin{array}{cc} 0.99 & 0.01 \\ 0.04 & 0.96 \end{array}\right] \end{array}$$

となります.したがって,次式が成り立ちます.

$$(t_1, \; t_2) \begin{bmatrix} 0.99 & 0.01 \\ 0.04 & 0.96 \end{bmatrix} = (t_1, \; t_2)$$

つまり,

$$0.99t_1 + 0.04t_2 = t_1$$
$$0.01t_1 + 0.96t_2 = t_2$$

となります.さらに,$t_1 + t_2 = 1$(両国の人口比率の合計は1)より,

$$t_1 = \frac{4}{5}, \; t_2 = \frac{1}{5}$$

となります.したがって,パンゲア共和国とマントル王国の人口比は,最初の人口数に関係なく4対1となり,本問ですでに説明した結論と同じです.

🔑 解答

このような問題を解決するのに最も適したツールは,正規マルコフ連鎖である.本問を正規マルコフ連鎖を用いて分析すれば,パンゲア共和国とマントル王国の人口比は,最初の両国の人口数に関係なく,4:1となることがわかる.また,両国の難民流入比率も4:1となる.

このような結論を得たマントル王国の大臣は,周辺諸国に「このままだとマントル王国の人口は増加してしまい,どうしようもなくなる.パンゲア共和国は人口が減るので少し楽になるから,パンゲア共和国への援助をこちらに回してほしい」と訴えました.当然面白くないパンゲア共和国は,マントル王国

を非難しました．両国の争いは続きますが，難民への対策は一向に行われていません．

第2章
統 計

　統計とは，現象を調査することによって数量で把握すること，または調査によって得られた数量データのことをいいます．また，種々の問題を解決するための手法でもあります．

　本章では，統計という考え方と，どのように問題解決のために用いるかという視点から，統計の基本法則，統計分布，推定・検定を紹介します．

問題 13　野球のデータの整理

　山田さんは野球が好きで、毎試合テレビで観戦し、ときには球場まで足を運んでいます。ペナントレースが終わり、オフシーズンになると、山田さんは日課の野球観戦ができなくなり、退屈になってしまいました。そこで、安打数や本塁打数、三振数をまとめ、分析してみることにしましたが、どうもうまくいきません。これら3つの打撃成績の分布をひと目でわかるように表現するには、どのような方法を使うべきでしょうか？

---問題---
　安打数や本塁打数、三振数といったデータをわかりやすくまとめ、可視化するよい方法はないだろうか．

　あるシーズンの安打数、本塁打数、三振数に関して、表4、表5、表6に整理しました．

　表4、表5、表6に示したデータの分布をひと目でわかるように表現するには、ヒストグラムと累積度数グラフを描きます．

　ヒストグラムとは、横軸にデータの値をとり、データ全体の範囲をいくつかの区間に分け、各区間に入るデータの数を数えて、これを縦軸にとってつくられた図のことで、柱状図ともいわれています．データをヒストグラムにすると、分布の状態がつかみやすくなります．多少のでこぼこは気にしないで、山の

問題 13 野球のデータの整理

表4 安打のデータ

階　　級	度　　数	累積度数
90~100	1	1
101~110	3	4
111~120	5	9
121~130	3	12
131~140	4	16
141~150	12	28
151~160	1	29
161~170	4	33
171~180	1	34
計	34	

表5 本塁打のデータ

階　　級	度　　数	累積度数
0~5	7	7
6~10	8	15
11~15	3	18
16~20	4	22
21~25	2	24
26~30	5	29
31~35	3	32
36~40	2	34
計	34	

表6 三振のデータ

階　　級	度　　数	累積度数
31~50	4	4
51~70	13	17
71~90	8	25
91~110	5	30
111~130	2	32
131~150	2	34
計	34	

一番高いところ(中心),ばらつきの大きさ,山の形などの全体の姿に着目するのがポイントです.

次に,ヒストグラムで用いる言葉の定義を示します.各表の2列目にある度数とは,絶対度数と呼ばれるもので,標本の中で,ある値がどのくらい頻繁に出てくるかを示すものです.また,ある値に対して,それ以下である標本の値に対応するすべての度数を加え合わせると,各表の3列目に示すその値に対応する累積度数を得られます.この値を折れ線グラフで表したものを累積度数グラフといい,区間の中央の位置に値を記入します.

そして,本問のヒストグラム(表4〜表6)と累積度数グラフを描くと,それぞれ図26,図27,図28のようになります.

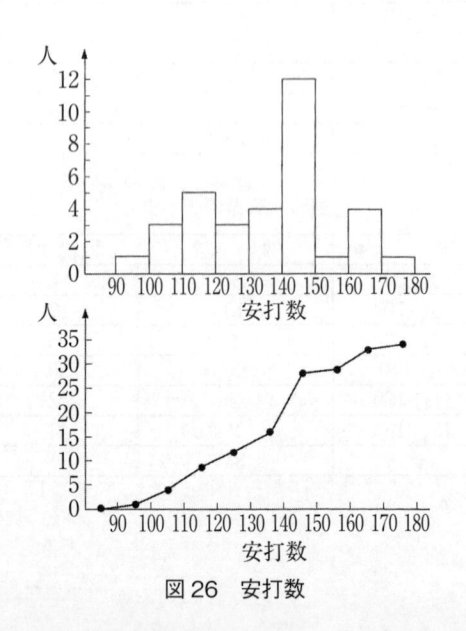

図26 安打数

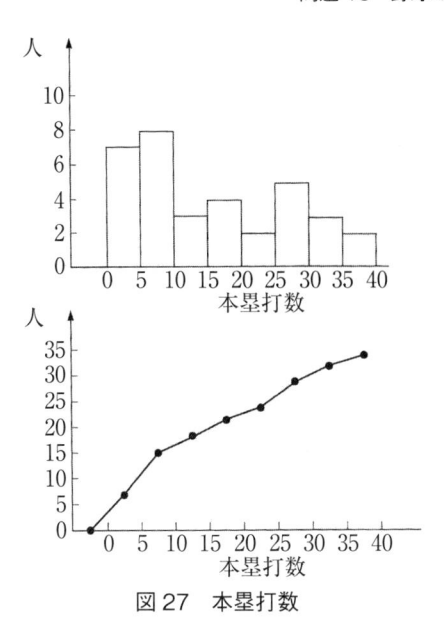

問題 13 野球のデータの整理

図 27 本塁打数

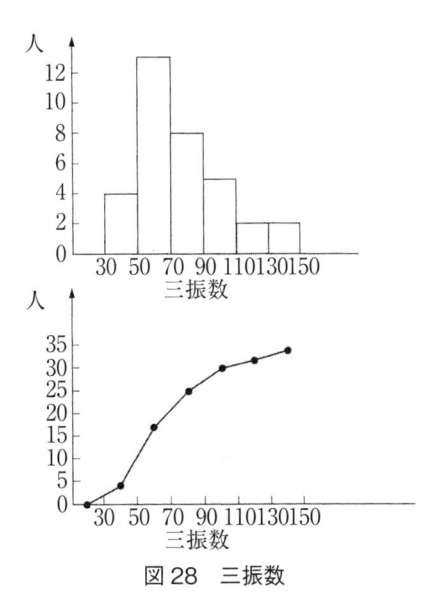

図 28 三振数

第2章 統計

> **🔑 解答**
>
> このような問題を解決するのに最も適したツールが,ヒストグラムと累積度数グラフである.ヒストグラムとは,横軸にデータをとり,データ全体の範囲をいくつかの範囲に分け,各区間に入るデータの数を数えて,これを縦軸にとってつくられた図である.また,ある値に対して,それ以下である標本の値に対応するすべての度数を加え合わせると,その値に対応する累積度数を得る.この値を折れ線グラフで表したものが累積度数グラフである.

山田さんはヒストグラムと累積度数グラフを描き,前年度のデータと比較するなど,さまざまに考察を加えました.しかし,どうにも分析する要素が足りないような気がしてなりません.「今夜はもう遅い.ひとまずこのあたりで終わろうか」と,いったんパソコンを閉じる山田さんでした.

問題 14 データ整理の要点

　前問で野球のデータを分析した山田さんは，だんだん面白くなってきて，表 4 の結果をもとにして，さらに分析を進めることにしました．そこで，安打数の代表値である平均値とメジアン，さらに散布度として分散と標準偏差も求めてみることにしました．

　計算を終えた山田さんですが，今度はその値が何を示しているのかわからなくなってしまいました．代表値と散布度は，どう解釈すればよいのでしょうか．

問題

　さまざまなデータを整理する際，その要点が必要となる．その 1 つがデータの分布の中心を示す代表値であり，もう 1 つの要点がデータの分布の広がりの程度を示す散布度である．変量が 1 つの場合の代表値と散布図は，具体的に何を示しているのだろうか？

　資料の整理において，分布の特徴をとらえるときによく用いられる指標は 2 種類あります．1 つは分布の中心を示す代表値で，もう 1 つは分布の広がりの程度を示す散布度です．

　ところで，変量が 1 つのときの代表値は，平均値とメジアンで，散布度は，分散，標準偏差です．なお，本問の例は変量が

1つの例です.

(1) 代表値

① 平均値 $\bar{x}$

変量の値 x_1, x_2, ……, x_n の平均値は,

$$\bar{x} = \frac{x_1 + x_2 + \cdots\cdots + x_n}{n} = \frac{1}{n}\sum_{0=a}^{0} x_i$$

となります.また,変量の度数が f_1, f_2, ……, f_n ($\sum_{0=a}^{0} f_i = N$) とすれば,平均値は,

$$\bar{x} = \frac{x_1 f_1 + x_2 f_2 + \cdots\cdots + x_n f_n}{f_1 + f_2 + \cdots\cdots + f_n} = \frac{1}{n}\sum_{i=1}^{n} x_i f_i$$

となります.1つの値 x_i に対しての度数 f_i ではなく,ある範囲の値に対する度数が与えられているときには,その範囲の真ん中の値を x_i として計算します.本問では,安打数の平均値は次のようになります.

$$\bar{x} = \frac{1}{N}\sum_{0=a}^{0} x_i f_i$$

$$= \frac{1}{34}(95 \times 1 + 105 \times 3 + 115 \times 5 + \cdots\cdots + 175 \times 1)$$

$$= 136.18$$

② メジアン Me(中央値)

変量を大きさの順に並べた場合,中央にある変量の値をメジアンといいます.変量の数が奇数のときは中央の変量が,偶数のときは中央の2つの変量の平均値がメジアンとなります.範囲で与えられているときには,該当する範囲にある度数が均等

に存在しているものとして計算します．本問の場合，安打数のメジアンは，データ数(N)が34なので，140本〜150本の範囲を12に刻んだうちの17 − (1+3+5+3+4)番目の位置(全体として17番と18番の間)と考えて，

$$\mathrm{Me} = 140 + 10 \times \frac{17 - 16}{12}$$
$$= 140.83$$

となります．

(2) 散布度

① 分散　σ^2

分散σ^2は，以下の式で表されます．

$$\sigma^2 = \frac{1}{N} \sum_{i=1}^{n} (x_i - \bar{x})^2 f_i$$

ただし，平均値$\bar{x}$は，

$$\bar{x} = \frac{1}{N} \sum_{0=a}^{0} x_i f_i$$

です．本問の場合，分散σ^2は，

$$\sigma^2 = \frac{1}{N} \sum_{0=a}^{0} (x_i - \bar{x})^2 f_i$$
$$= \frac{1}{34} \{(95 - 136.18)^2 \times 1 + (105 - 136.18)^2 \times 3 + \cdots\cdots$$
$$+ (175 - 136.18)^2 \times 1\}$$
$$= 392.73$$

となります．これらは平均値からのズレ，つまり安打数のばらつきを示すものです．

② 標準偏差 σ

分散 σ^2 の正の平方根を標準偏差といい，次のように表されます．

$$\sigma = \sqrt{\frac{1}{N}\sum_{0=a}^{0}(x_i - \overline{x})^2 f_i}$$

したがって，本問の場合，

$$\sigma = \sqrt{\sigma^2} = 19.82$$

となります．これも平均値からのばらつきを示しています．

🔑 解答

代表値には，平均値とメジアンがあり，散布度には，分散と標準偏差がある．野球を始め，さまざまなデータの特徴を整理し，理解するためには，特に平均値と分散が重要な指標である．これらの指標を理解することにより，データ全体の中心と拡がりを理解することができる．

さらに深くデータを考察できた山田さんでしたが，多彩な角度からデータを分析したためか，「野球が観たい」という気持ちは強くなる一方です．こればかりは，どんな便利なツールでも解決するのは難しいことでしょう．

問題 15 2種類のデータの代表値とは

　山田さんは，今度は安打数と本塁打数にどのような関係があるのか気になってきました．そこで，表 7 のようにデータを整理しました．しかし，結局これらのデータがどのようなことを示しているのかがわかりません．どうやってこのデータをまとめればよいのでしょうか．

　野球における安打数と本塁打数の一覧を表 7 に示します．

> **問題**
>
> 　安打数と本塁打数など，2 種類のデータの分布を整理する際，代表値とは具体的に何を示しているのだろうか？

　本問では，変量が 2 つの場合（例では安打数と本塁打数）の代表値について考えます．

　さて，2 つの変数の傾向を表す指標であり，それを代表値とするものを回帰直線といいます．そこで，表 7 を例として回帰

表 7　打撃のデータ

選手番号	1	2	3	4	5	6	7	8	9	10	合計	平均
安打数 (x)	160	143	149	143	148	140	164	152	143	148	1490	149
本塁打数 (y)	36	15	39	6	25	7	25	32	32	14	231	23.1

直線を求めてみます.

回帰直線は，2次元の度数分布において，分布の中心的なトレンド(傾向)を表すものです．xy 平面上の直線のうち点 (x_i, y_i) がうまくのっているもので，y 方向のずれを小さくしたもの(点 $(\bar{x}, \bar{y})$ を通り，y 方向のずれの平均が 0 になるもの)を y の x への回帰直線，x 方向へのずれを小さくしたものを x の y への回帰直線といいます．x の分散を，

$$\sigma^2(x) = \frac{1}{n}\sum_{i=1}^{n}(x_i - \bar{x})^2$$

とし，y の分散を，

$$\sigma^2(y) = \frac{1}{n}\sum_{i=1}^{n}(y_i - \bar{y})^2$$

とします．このとき，

$$c(x, y) = \frac{1}{n}\sum_{i=1}^{n}(x_i - \bar{x})(y_i - \bar{y})$$

を x と y の共分散といいます．y の x への回帰直線は，

$$y = \frac{c(x, y)}{\sigma^2(x)}(x - \bar{y}) + \bar{y}$$

となります．さらに，x の y への回帰直線は，

$$y = \frac{\sigma^2(y)}{c(x, y)}(x - \bar{x}) + \bar{y}$$

となります．

本問の場合，表8の表に諸量のデータを計算すると，次のさまざまなパラメータが導出されます．

問題 15　2種類のデータの代表値とは

表 8　データ表

	x	y	$(x-149)$	$(y-23.1)$	$(x-149)^2$	$(y-23.1)^2$	$(x-149)(y-23.1)$
1	160	36	11	12.9	121	166.41	141.9
2	143	15	-6	-8.1	36	65.61	48.6
3	149	39	0	15.9	0	252.81	0
4	143	6	-6	-17.1	36	292.41	102.6
5	148	25	-1	1.9	1	3.61	-1.9
6	140	7	-9	-16.1	81	259.21	144.9
7	164	25	15	1.9	225	3.61	28.5
8	152	32	3	8.9	9	79.21	26.7
9	143	32	-6	8.9	36	79.21	-53.4
10	148	14	-1	-9.1	1	82.81	9.1
計	1490	231	0	0	546	1284.9	447

$$\bar{x}=149,\ \bar{y}=23.1,\ \sigma^2(x)=\frac{546}{10}=54.6,$$

$$\sigma^2(y)=\frac{1284.9}{10}=128.49,\ c(x,\ y)=\frac{447}{10}=44.7$$

ゆえに，y の x への回帰直線は，

$$y=\frac{44.7}{54.6}(x-149)+23.1$$

となります．また，x の y への回帰直線は，

$$y=\frac{128.49}{44.7}(x-149)+23.1$$

となります．

第2章 統計

> **🔑 解答**
>
> 本問で示された2種類のデータに関する分布の代表値は，回帰分析である．この回帰分析から導出される回帰直線は，2種類のデータ分布における中心的なトレンド(傾向)を表すものである．

無事回帰直線を導出した山田さんは，満足していました．そして，いままでまとめたデータを手に，野球仲間との食事会に出かけていきます．食事会は，きっと山田さんの独壇場でしょう．

問題 16　2 種類のデータの散布度とは

　山田さんは，友人である松田さんとの食事中，自身でまとめた野球のデータを披露し，安打数と本塁打数の関係について，回帰直線を示して説明しました．すると松田さんは，「安打数が多いから本塁打数が多いのか，あるいはその逆なのか，どっちなの？」と疑問を提示しました．さて，山田さんはどのように答えればよいでしょうか．

> **問題**
> 　2 種類のデータの分布を整理する際の散布度（データの広がり）とは，具体的に何を示しているのだろうか？

　前問において，安打数と本塁打数の関係を代表値（回帰直線）で表しました．本問では，これら 2 つの変数（安打数と本塁打数）の散布度である相関係数を求めます．そうすることで，安打数が多い打者が本塁打数も多いのか，あるいは，その逆か，それとも安打数と本塁打数はそもそも無関係なのか，それらの関係を分析するためです．

　本問における安打数（x）と本塁打数（y）の相関を考えます．これらのデータは，前問の表 8（x 列，y 列）に示したとおりです．このとき，安打数（x）の平均値を $\bar{x}$，本塁打数（y）の平均値を $\bar{y}$ とし，各選手の成績を xy 座標にプロットします．そうす

ることにより，x と y の相関が一目でわかるからです．

ここで，xy の平均値 $\bar{x}(149)$，$\bar{y}(23.1)$ が原点になるような座標系 $(x_i-\bar{x},\ y_i-\bar{y})$ で表現するほうがより明確になります．したがって，データを x_i から $(x_i-\bar{x})$ に，y_i から $(y_i-\bar{y})$ に変換する必要があります．そのような座標系は図29に示すようになります．このとき，相関の強さは $\Sigma(x_i-\bar{x})(y_i-\bar{y})$ に比例することがわかります．なぜなら，正の相関は第1象限，第3象限を通り，負の相関は第2象限，第4象限を通るからです．

ところで，$\Sigma(x_i-\bar{x})(y_i-\bar{y})$ の最大値は，

$$\sqrt{\sum(x_i-\bar{x})^2 \cdot \sum(y_i-\bar{y})^2}$$

であることがわかっています．したがって，相関の強さを正規化すると，

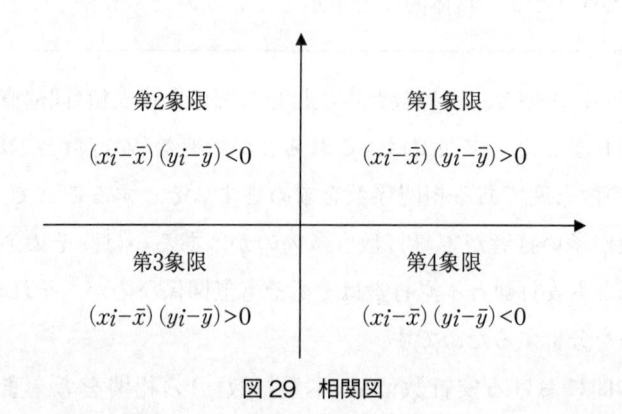

第2象限　　　　　　　　　第1象限

$(x_i-\bar{x})(y_i-\bar{y})<0$　　　$(x_i-\bar{x})(y_i-\bar{y})>0$

第3象限　　　　　　　　　第4象限

$(x_i-\bar{x})(y_i-\bar{y})>0$　　　$(x_i-\bar{x})(y_i-\bar{y})<0$

図29　相関図

問題16 2種類のデータの散布度とは

$$r = \frac{\sum(x_i - \overline{x})(y_i - \overline{y})}{\sqrt{\sum(x_i - \overline{x})^2 \cdot \sum(y_i - \overline{y})^2}}$$

となります．これをピアソンの積率相関係数，いわゆる相関係数といいます．この式の分母・分子を同時にデータ数nで割ると，次の式になります．

$$r = \frac{\dfrac{1}{n}\sum(x_i - \overline{x})(y_i - \overline{y})}{\sqrt{\dfrac{1}{n}\sum(x_i - \overline{x})^2}\sqrt{\dfrac{1}{n}\sum(y_i - \overline{y})^2}}$$

ただし，

$$\frac{1}{n}\sum(x_i - \overline{x})^2 = \sigma^2(x) \quad (x の分散)$$

$$\frac{1}{n}\sum(y_i - \overline{y})^2 = \sigma^2(y) \quad (y の分散)$$

$$\frac{1}{n}\sum(x_i - \overline{x})(y_i - \overline{y}) = c(x,\ y) \quad (x と y の共分散)$$

ですから，相関係数rは次式に示すようになります．

$$r = \frac{c(x,\ y)}{\sigma(x) \cdot \sigma(y)}$$

ただし，$\sigma(x)$，$\sigma(y)$はそれぞれx，yの標準偏差であり，$c(x, y)$はx，yの共分散です．

この式より，本問における安打数と本塁打数の相関係数を求めます．表8より，

$$\sigma^2(x) = \frac{546}{10} = 54.6$$

$$\sigma^2(y) = \frac{1284.9}{10} = 128.49$$

$$c(x, y) = \frac{447}{10} = 44.7$$

となります.したがって,

$$r = \frac{c(x, y)}{\sigma(x) \cdot \sigma(y)} = \frac{44.7}{\sqrt{54.6 \times 128.49}} = 0.534$$

となります.

ここで,この相関係数 r の性質を以下に紹介します.

① $-1 \leq r \leq 1$

② $r>0$ であれば正の相関という
$r<0$ であれば負の相関という
$r=0$ であれば相関はない

③ $|r|=1$ であれば完全相関である
$|r|$ の値が1に近いほど強い相関といえる

🗝解答

本問で示された2種類のデータの分布の散布度(データの広がり)は,相関係数である.本問における安打数と本塁打数の相関係数は0.534である.その結果,これら2変数に正の相関がややあるといえる.

山田さんは分析した結果を松田さんに伝えました.すると松田さんは,「なるほど,そういう結果になったか.では,一番安打数の多かったI選手が我がチームに移籍してくれれば,来

年は本塁打も増えて優勝だな！」と，山田さんの好きな選手を挙げました．そんなことになったらたまらない，と山田さんは苦笑いするばかりでした．

第2章 統計

問題 17　プロ野球の順位予想

　盛り上がった山田さんと松田さんは，来年度の順位について，表9に示すように予想しました．山田さんは巨人ファンであり，松田さんは阪神ファンとします．さて，このような2人の順位予想の相関係数はどのようにすれば求められるのでしょうか？

> **問題**
>
> 　山田さんと松田さんの2人の予想した順位間の相関関係が知りたいとする．このような場合に用いるツールはなんだろうか．前問で示した相関係数は役に立たないのだろうか．

　野球の順位予想のように，何かを評価する際，順位づけすることはよくあります．このとき，山田さんの順位づけと松田さんの順位づけがどれくらい近いか，あるいはどれくらい遠いか

表9　順位予想

	巨人	阪神	広島	中日	横浜	東京	
山田さん	1	6	4	2	3	5	
松田さん	6	1	3	2	4	5	
順位の積	6	6	12	4	12	25	計65

問題 17 プロ野球の順位予想

の尺度として，スピアマンの順位相関係数をよく使います．山田さんと松田さんの順位の積の合計が大きいほど，山田さん，松田さんの順位づけが近く（正の相関），順位の積の合計が小さいほど，山田さん，松田さんの順位づけが遠い（負の相関）ことがわかっています．そこで，この順位相関係数の計算手順は，図 30 に示すとおりです．

すなわち，

① 順位の積の合計の最大値と最小値を求める．
② 順位の積の合計の中央値を求め，この値が原点になる

```
START
  ↓
順位の積の合計の最大値と最小値を求める．
  ↓
順位の積の合計の中央値を求め，この値が
原点になるように平行移動する．
  ↓
中央値を原点にしたときの最大値（順位の積
の合計）が1になるように正規化する．
  ↓
ある順位の積の合計の値から中央値を引き，
正規化した値が順位相関係数である．
```

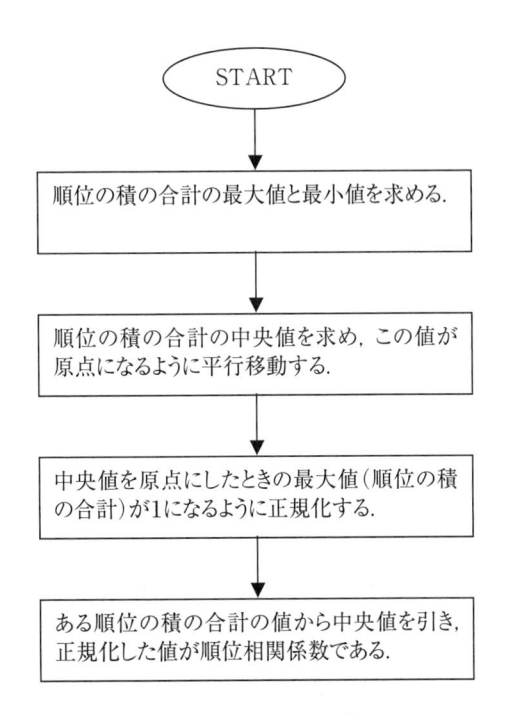

図 30　順位相関係数

ように平行移動する．

③ 中央値を原点にしたときの最大値（順位の積の合計）が1になるように正規化する．

④ ある順位の積の合計の値から中央値を引き，正規化した値が順位相関係数である．

ところで，順位の対象がn個あるとき，順位の積の最大値$J_{\max}$，順位の積の最小値$J_{\min}$，順位の積の中央値J_{me}，正規化する値J_Nは，それぞれ次のような式になることがわかっています．

$$J_{\max}=\frac{1}{6}n(n+1)(2n+1)$$
$$J_{\min}=\frac{1}{6}n(n+1)(n+2)$$
$$J_{\mathrm{me}}=\frac{1}{4}(n+1)^2$$
$$J_N=\frac{1}{12}n(n^2-1)$$

以上の結果，スピアマンの順位相関係数rは，次式に示すようになります．

$$r=\frac{\Sigma(順位の積)-J_{\mathrm{me}}}{J_N}$$

$r=1$は完全な正の相関であり，$r=0$は無相関であり，$r=-1$は完全な負の相関です．

ここで，本例の順位相関係数を求めます．まず，山田さん，松田さんの順位の積を計算し，合計します（表9参照）．その結果，スピアマンの順位相関係数rは，

$$r=\frac{65-73.5}{17.5}=-0.486$$

となります．したがって，山田さん，松田さんの順位予想は負の相関が強いことがわかります．ただし，$n=6$ のときの $J_{me}=73.5$, $J_N=17.5$ を使って計算しました．

🔑 解答

このような問題を解決するためのツールに，順位相関係数がある．前問で紹介した相関係数とは，扱うデータの種類が異なる．本問を順位相関係数を使って分析した結果，山田さんと松田さんの順位予想には，負の相関がややある（-0.486）といえる．

山田さんと松田さんは，お互いの予想がどんなものか，どのような関係性にあるのか分析し，議論しました．楽しい食事となりましたが，はたしてどちらの予想が正しいのでしょうか．結果は，来シーズンが終わらないとわかりません．

問18 大学生の貯金額の推定

　木下教授は，学生のアルバイトについて，さまざまな調査を行うことになりました．そこで，学生の大塚くんに頼んで，学生30人に貯金額をアンケート調査で答えてもらいました．その平均値は，34.5万円となりました．これを正規母集団 $N(m, 3.2^2)$（平均値は m，標準偏差3.2万円，すなわち，分散は 3.2^2 の正規母集団とします）からの任意標本と見て，この大学の全学生の平均貯金額（m）は，いくらくらいか区間で推定することにします．ただし，信頼度は95%で検討します．

問題

　ある大学の学生の平均貯金額を調査する．しかし，全員から聞き取り調査ができない場合，サンプル調査を行う．平均値などのサンプル調査の結果から，どのようにすれば平均貯金額を推定できるだろうか．ただし，母集団である全学生のデータにおいて，分散がわかっている場合を想定している．

　本問は，平均値 m の推定（特に区間推定）として考えることができます．この場合，推定とは，30人の学生の平均値から全学生の平均値を予測することを意味しています．一般に，推定における課題とは，標本を調査し，母集団の特性を知ること

です．

　母集団とは，分析の対象となっている集団，すなわちそれについての情報が求められている集団のことをいい，それを代表する一部分として実際に観察されている集団のことを標本(サンプル)といいます．本問では，この大学の全学生が母集団で，標本(サンプル)は30人の学生を指しています．

　母集団全体の特性値を母数(平均・比率・分散)といい，これをθと記し，標本から計算される量を統計量といい，これをθ^*と表します．母集団から無作為に抽出した標本(大きさn)を$x_1, x_2, \cdots\cdots, x_n$とすれば，統計量$\theta^*$(標本平均，標本分散など)はこれらの関数として，

$$\theta^* = \theta^*(x_1, x_2, \cdots\cdots, x_n)$$

の形で表すことができます．

　さて，θ^*を計算し，これらの値からθの値を推定することが，母数(一般に，母集団の特徴を表す数値を母数またはパラメーターといいます)の推定といわれるものです(図31参照)．そのなかで区間推定といわれるものは，その母数が含まれている区間$(\hat{\theta}_1, \hat{\theta}_2)$を推定する方法です．ただし，区間推定では，ある信頼水準(本問では95%としている)のもとで行われ，推定区間を信頼区間と呼んでいます．

　また，平均値mの区間推定は，図32のフローチャートに示したとおりです．

　さて，正規母集団$N(m, \sigma^2)$において，本問のようにσ^2(分散)が既知の場合，この母集団から抽出した標本の大きさをn，標本平均を$\bar{x}$とするとき，平均値mの区間推定は，次式のよう

第2章　統計

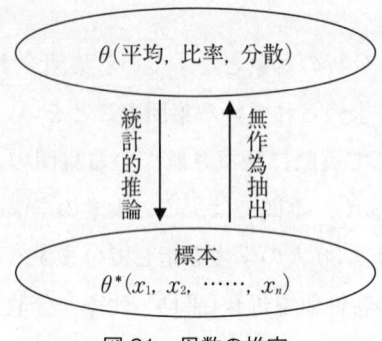

図 31　母数の推定

- θ（平均, 比率, 分散）
- 標本 $\theta^*(x_1, x_2, \cdots\cdots, x_n)$
- 統計的推論
- 無作為抽出

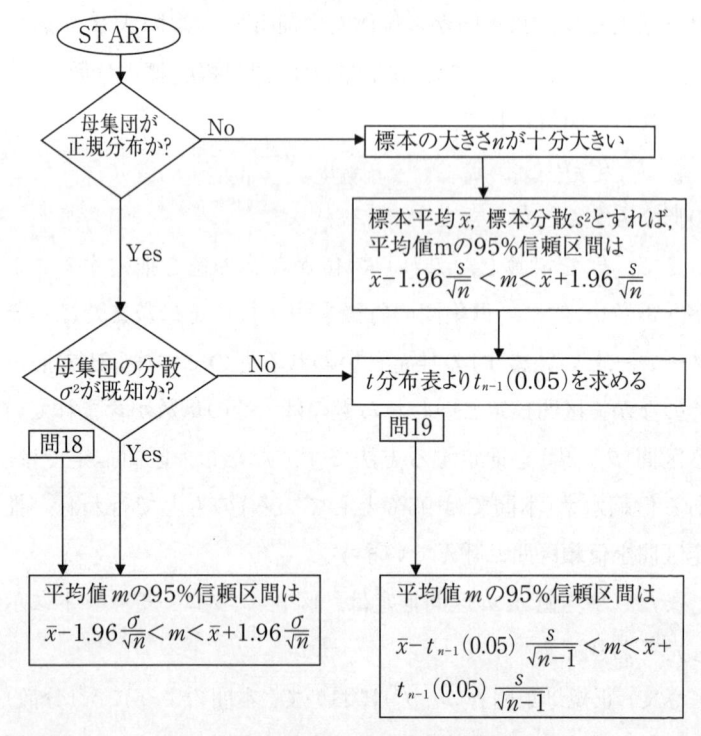

図 32　平均値 m の区間推定

- START
- 母集団が正規分布か？
  - No → 標本の大きさnが十分大きい → 標本平均$\bar{x}$, 標本分散s^2とすれば, 平均値mの95%信頼区間は
    $$\bar{x}-1.96\frac{s}{\sqrt{n}}<m<\bar{x}+1.96\frac{s}{\sqrt{n}}$$
  - Yes → 母集団の分散σ^2が既知か？
    - No → t分布表より$t_{n-1}(0.05)$を求める 〔問19〕 → 平均値mの95%信頼区間は
      $$\bar{x}-t_{n-1}(0.05)\frac{s}{\sqrt{n-1}}<m<\bar{x}+t_{n-1}(0.05)\frac{s}{\sqrt{n-1}}$$
    - Yes 〔問18〕 → 平均値mの95%信頼区間は
      $$\bar{x}-1.96\frac{\sigma}{\sqrt{n}}<m<\bar{x}+1.96\frac{\sigma}{\sqrt{n}}$$

に表します.

$$\bar{x} - 1.96 \frac{\sigma}{\sqrt{n}} < m < \bar{x} + 1.96 \frac{\sigma}{\sqrt{n}}$$

ただし,この式は,平均値 m の 95% 信頼区間となります.すなわち,σ^2 がわかっている場合,標本平均 $\bar{x}$ が m(母集団の平均値)のまわりに,$\frac{\sigma}{\sqrt{n}}$ の標準偏差で正規分布をとります.したがって,m を推定するときには $\bar{x} - m$ を標準偏差を単位とした値,$\frac{\bar{x} - m}{\frac{\sigma}{\sqrt{n}}}$ として読みとり,それが $N(0, 1)$ の正規分布をとるとして,正規分布を利用します.標準化された正規分布表を使うためには,データも上式のように標準化する必要があります.また,この式より,前述した区間推定の式が導かれます.

ところで,本問の例においては,正規母集団 $N(m, \sigma^2)$ において,$\sigma = 3.2$ が既知のときの平均値 m の推定ですから,前述した式に,$\bar{x} = 34.5$ 万円,$\sigma = 3.2$,$n = 30$ を代入します.すなわち,

$$34.5 - 1.96 \times \frac{3.2}{\sqrt{30}} < m < 34.5 + 1.96 \times \frac{3.2}{\sqrt{30}}$$

となります.したがって,平均値 m の 95% 信頼区間は,

$$33.355 < m < 35.645$$

となります.つまり,この大学の全学生の平均貯金額は,約 33.3 万円から約 35.6 万円であることがわかりました.

第2章 統計

> **🗝解答**
>
> このような問題を解決するためのツールに，平均値の推定（母分散既知の場合）という手法がある．これを用いて本問を分析した結果，この大学の学生の平均貯金額は，約33.3万円～約35.6万円であることがわかった．

調査を終えた木下教授が休憩していると，大塚くんが缶コーヒーを買って渡してくれました．お礼を言って飲んだ木下教授でしたが，大塚くんが，「しまった，これでぼくの貯金額が缶コーヒー1本分減ってしまった．教授，調査をやり直さなければなりませんか？」と心配しだしたのを聞いて，調査は大事な仕事だけれど，やっぱり学生に数学を教えるのが先決だ，とため息をつきました．

問題 19　住宅ローン残高の推定

　木下教授は，ある銀行からの依頼を受け，この都市に住んでいる人の住宅ローン残高の平均を推定することにしました．そこで，母集団(この都市に住んでいる人の住宅ローン残高の分布)を正規母集団(ただし母分散はわからない)と仮定し，8人のサンプルをとって調べたところ，表10のような値を示しました．このデータをどう解釈すればよいでしょうか．

> **問題**
> 　ある地域の平均住宅ローン残高を，サンプル調査を用いて推定する．この結果から，どのように推定すればよいだろうか．ただし，母分散がわかっていない場合を想定している．

　この問題は，正規母集団 $N(m, \sigma^2)$ において，σ^2(分散)が未知のときの平均値 m の区間推定です．この区間推定問題は，次のような方法で求めることができます．

　正規母集団 $N(m, \sigma^2)$ において，σ^2 が未知のとき，付表2の t 分布表より $t_{n-1}(0.05)$ を求めると，

$$\bar{x} - t_{n-1}(0.05)\frac{s}{\sqrt{n-1}} < m < \bar{x} + t_{n-1}(0.05)\frac{s}{\sqrt{n-1}}$$

が平均値 m の95%信頼区間です．

表10 住宅ローン残高

No	住宅ローン残高(万円)
1	1685
2	1745
3	1801
4	1545
5	1665
6	1724
7	1510
8	1900

σ^2 がわかっていない場合,m を推定するときには,$\bar{x}-m$ という標準偏差を単位とした値(この値を t 値と呼ぶ),

$$t=\frac{\bar{x}-m}{\frac{s}{\sqrt{n-1}}}$$

として読みとり,この t 値を有する分布を t 分布と呼びます.ただし,自由度($P.128$ 参照)は $n-1$ となります.この場合の自由度は,標本の大きさ n から,標本より導き出した平均値の数(ただし,平均値の数とは平均値の値そのものではなく,何種類の平均値を導いたかを示しています.普通は1種類の平均値を導くので1となります)を引いた値となります.

本問を例にして計算します.まず,標本平均 $\bar{x}$ と標本分散 s^2 を求めます.

$$\bar{x}=\frac{1685+1745+1801+1545+1665+1724+1510+1900}{8}$$

$$=1696.9$$

$$s^2 = \frac{(1685-1696.9)^2+(1745-1696.9)^2+\cdots+(1900-1696.9)^2}{8}$$
$$= 14287.36$$

また,正規母集団 $N(m, \sigma^2)$ において,σ^2 が未知のとき,母平均 m の 95% 信頼区間は,前述したように次の式で表現できます.

$$\bar{x} - t_{n-1}(0.05)\frac{s}{\sqrt{n-1}} < m < \bar{x} + t_{n-1}(0.05)\frac{s}{\sqrt{n-1}}$$

本例の場合,$\bar{x}=1696.9$,$s=119.5$,$n=8$ となります.また,付表 2 の t 分布表より,

$$t_7(0.05) = 2.365$$

となります.したがって,母平均 m の区間推定は,

$$1696.9 - 2.365 \times \frac{119.5}{\sqrt{7}} < m < 1696.9 + 2.365 \times \frac{119.5}{\sqrt{7}}$$
$$1590.1 < m < 1803.7$$

となります.つまり,この都市に住んでいる人の住宅ローン残額の平均値は,1590.1 万円から 1803.7 万円の間にあることがわかります.

解答

このような問題を解決するためのツールに,平均値の推定(母分散が未知の場合)という手法がある.これを使って分析した結果,住宅ローン残高の平均値は,1590.1 万円〜1803.7 万円の間であることがわかった.

第2章 統計

　木下教授は住宅ローン残高の調査を終え，銀行の担当者に報告しました．ところが，木下教授の説明が終わらないうちに，担当者は定期預金を勧めてきました．やれやれ，今度はセールスかと木下教授はうんざりしてしまいました．

問題20　模擬試験の平均値に差があるのか

　ある有名進学校の谷口南高校と河野北高校は，有名大学合格率を競いあっています．あるとき，全国模擬試験が行われ，その結果に関心が集まりました．これら2校は模擬試験の成績を公表しないことになっています．しかし，経営感覚のすぐれている地元進学塾の後藤塾長は，谷口南と河野北の生徒から，その成績を聞きだすことに成功しました．内容は，総合得点（100点満点）に関して，谷口南から20名（表11参照），河野北から20名（表12参照）のデータです．

表11　谷口南高校のデータ

生徒番号	成績	生徒番号	成績
1	82	11	45
2	85	12	50
3	68	13	72
4	73	14	78
5	92	15	68
6	45	16	45
7	60	17	92
8	75	18	82
9	63	19	75
10	98	20	60

表12　河野北高校のデータ

生徒番号	成績	生徒番号	成績
1	66	11	55
2	68	12	98
3	75	13	75
4	45	14	60
5	90	15	65
6	82	16	82
7	68	17	45
8	81	18	95
9	75	19	82
10	90	20	70

この結果を参考にして,後藤塾長は,生徒勧誘のためのメニュー作成にのりだしました.これらのデータから,両校の生徒の成績の平均の差(母平均の差)がいくらであるか推定します.ただし,推定は,95%信頼区間で行うものとします.

> **問題**
>
> 進学塾の後藤塾長は,谷口南,河野北という有名進学校の全国模擬試験の結果を20名分ずつ入手した.その平均値の差について分析し,両校全体の平均値の差を知りたい.どうすればよいだろうか?

本問は,平均値の差の推定により分析することができます.サンプルが十分大きいとき(本問のデータは計40名のサンプル),2つの母集団A,Bの平均値の差 $m_A - m_B$ の推定は,

$$Z = \frac{(x_A - x_B) - (m_A - m_B)}{\sqrt{\dfrac{\sigma_A^2}{n_A} + \dfrac{\sigma_B^2}{n_B}}}$$

が,正規分布 $N(0, 1)$ に従うことを活用します.$N(0, 1)$ の表から,Z が $-1.96 < Z < 1.96$ の範囲の値をとる確率は,0.95(95%の信頼区間を示します)です.このことから,次の結論を導くことができます.

サンプルが十分大きいとき,2つの母集団の平均値の差の推定は,95%信頼区間で,

$$(\overline{x_A} - \overline{x_B}) - 1.96\sqrt{\frac{s_A^2}{n_A} + \frac{s_B^2}{n_B}} \leq m_A - m_B$$
$$\leq (\overline{x_A} - \overline{x_B}) + 1.96\sqrt{\frac{s_A^2}{n_A} + \frac{s_B^2}{n_B}}$$

となります.ただし,母集団 A の母平均を m_A,母集団 A から抽出した標本数,標本平均,標本分散はそれぞれ n_A, $\overline{x_A}$, s_A^2,とし,母集団 B の母平均を m_B,母集団 B から抽出した標本数,標本平均,標本分散はそれぞれ n_B, $\overline{x_B}$, s_B^2 とします.

そこで,本問においては,まず標本平均 $\overline{x_A}$, $\overline{x_B}$ と標本分散 s_A^2, s_B^2 を求めます.表 11 より,$\overline{x_A}$, s_A^2 はそれぞれ次に示すようになります.

$$\overline{x_A} = \frac{82 + 85 + 68 + \cdots\cdots + 60}{20} = 70.4$$

$$s_B^2 = \frac{(82 - 70.4)^2 + (85 - 70.4)^2 + \cdots\cdots + (60 - 70.4)^2}{20}$$
$$= 246.04$$

一方,表 12 より,$\overline{x_B}$, s_B^2 はそれぞれ次に示すようになります.

$$\overline{x_B} = \frac{66 + 68 + 75 + \cdots\cdots + 70}{20} = 73.35$$

$$s_B^2 = \frac{(66 - 73.35)^2 + (68 - 73.35)^2 + \cdots\cdots + (70 - 73.35)^2}{20}$$
$$= 211.83$$

サンプルが十分大きいとき，2つの母集団の平均値の差の推定は，95% 信頼区間で，

$$(\overline{x_A} - \overline{x_B}) - 1.96\sqrt{\frac{s_A^2}{n_A} + \frac{s_B^2}{n_B}} \leq m_A - m_B$$
$$\leq (\overline{x_A} - \overline{x_B}) + 1.96\sqrt{\frac{s_A^2}{n_A} + \frac{s_B^2}{n_B}}$$

となることは，前述したとおりです．本例の場合，

$\overline{x_A}=70.4$, $\overline{x_B}=73.35$, $s_A^2=246.04$, $s_B^2=211.83$,
$n_A=n_B=20$

となります．したがって，

$$(70.4-73.35) - 1.96\sqrt{\frac{246.04+211.83}{20}}$$
$$\leq m_A - m_B \leq (70.4-73.35) + 1.96\sqrt{\frac{246.04+211.83}{20}}$$

となります．ゆえに，

$$-12.328 \leq m_A - m_B \leq 6.428$$

となります．

すなわち，谷口南と河野北の総合点の平均値の差は，-12.3 点〜$+6.4$ 点の区間内にあることがわかります．

問題 20 模擬試験の平均値に差があるのか

> **🔑 解答**
>
> このような問題を解決するためのツールに，平均値の差の推定という手法がある．この手法で本問を分析した結果，両校の平均値の差は −12.3 点〜6.4 点の間にあることがわかった．

後藤塾長は，「谷口南のほうが平均値が低い見込みが高い」という分析の結果を見ましたが，どちらの高校にも等しく配慮したメニューを組むことにしました．

第2章 統計

問題21 わが校の点数は平均点かどうか

ある模擬試験が行われ，全国の平均点は68.5点，標準偏差は4.0点でした．また，谷口南高校の平均点は66.0点でした．学年主任の伊藤先生は，校長先生から，「今回の模擬試験はどうでしたか？」と聞かれ，データを整理することにしました．谷口南高校の平均点は，全国の平均点と比べて同じでしょうか？　ただし，谷口南高校の受験者数は80人とします．

---問題---

ある模擬試験の平均点は68.5点，標準偏差は4.0点であった．また，谷口南高校の平均点は66.0点であった．全国の平均点と比べて谷口南高校の平均点は同じといえるだろうか．ただし，谷口南高校の受験者数は80人とする．

本問の場合，母分散(標準偏差の2乗)がわかっています．問題を解く前に，仮説検定の中の平均値の検定について説明します．まず，仮説の検定とは，母集団に対してある予想を立て，標本を調べることにより，この予想の正否を判断する手法です．以下，仮説検定に用いる用語について，順を追って説明します．

① 仮説

仮説は，ふつう疑わしいと思われるものをとって，その正

114

否を判定するためのもので，これを帰無仮説といいます．

② 仮説の検定

仮説の正否を判定することをいいます．

③ 仮説の棄却

検定の結果，仮説をしりぞけることをいいます．

④ 仮説の採択

検定の結果，仮説を棄却することができないことをいいます．

⑤ 第1種の過誤

仮説が正しいのに，これを棄却する誤りを犯すことをいいます．

⑥ 第2種の過誤

仮説が正しくないのに，これを採択する誤りを犯すことをいいます．

⑦ 有意水準

有意差の有無を判定する基準としての危険率をいいます．

⑧ 対立仮説

1つの帰無仮説に対して，別の仮説を考えて，これと比較して帰無仮説を判定する場合，この別の仮説を対立仮説といいます．

さて，正規母集団において，平均値 $m=m^*$ という仮説を立てます．そこで，大きさ n の標本をとり，標本平均 $\bar{x}$ を計算します．標本平均の分布は，正規分布 $N(m^*, \frac{\sigma^2}{n})$ ですから，$u = \dfrac{\bar{x} - m^*}{\frac{\sigma}{\sqrt{n}}}$ とすると，$|u| \geq 1.96$ となる確率は5%です．よっ

て，u の値が棄却域に入るときは，有意水準 5% で仮説 $m=m^*$ を棄却します（図 33 参照）．このとき，棄却域は $u=0$ の両側にあり，この検定法を両側検定といいます．

次に，実際の平均値の検定法について説明します．1 つが，本問の例にある「母分散があらかじめわかっている場合の平均値の検定」であり，2 つ目が，次問の例にある「母分散がわかっていない場合の平均値の検定」です．

「母分散があらかじめわかっている場合の平均値の検定」は，以下の手順となります．なお，正規母集団 $N(m^*, \sigma^2)$ で考えます．

① 母平均 $m=m^*$ という仮説を設定します．

② 大きさ n の標本をとり，標本平均 $\bar{x}$ を計算します．

$$\bar{x} = \frac{x_1+x_2+\cdots\cdots x_n}{n} = \frac{1}{n}\sum_{i=1}^{n} x_i$$

③ m^*, $\bar{x}$ より，u を計算します．

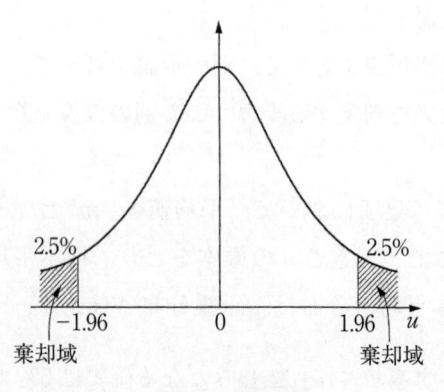

図 33　両側検定

$$u = \frac{\bar{x} - m^*}{\frac{\sigma}{\sqrt{n}}}$$

④ $|u| \geq 1.96$ であれば,有意水準 5％ で,仮説を棄却します(両側検定).

以上の手順に従って,本例を計算します.まず,模擬試験の得点の母集団は,正規母集団 $N(68.5, 4.0^2)$ です.

① 最初に,母平均(m)に関して,$m = m^*(68.5)$ という仮説を立てます.

② 標本の大きさは 80 で,標本平均$(\bar{x})$は 66.0 です.

③ $m^* = 68.5$,$\bar{x} = 66.0$ ですから,$u = \dfrac{66.0 - 68.5}{\dfrac{4}{\sqrt{80}}} = -5.59$ となります.したがって,$|u| = 5.59 > 1.96$ となりますから,有意水準 5％ で,仮説「谷口南高校の平均点は,68.5 点であるといえる」を棄却することができます.つまり,この高校の生徒の平均点は,全国平均と異なるといえます.

解答

このような問題を解決するツールに,平均値の検定(母分散既知の場合)という手法がある.この手法で本問を分析した結果,谷口南高校の平均点は全国平均と同じとはいえない,ということがわかった.

分析の結果,谷口南高校の平均点は全国平均には届いていないことがわかりました.伊藤先生は,校長先生からお叱りを受

けるとともに，どんな補習プログラムを組もうか，とまた違う悩みを抱えてしまいました．

問題22　不良債権額は全国平均かどうか

　今、日本の経済は、過去に例を見ないほどの深刻なダメージを受けています。不良債権はどんどん増え、金融危機に陥っています。一方、個人の金融資産は1400兆円もあり、金持ち国日本であることに変わりはありません。

　しかし、この金融資産が動かないことに問題があります。企業は不良債権を抱え、設備投資に資金が回りません。個人は住宅ローンを抱え、消費を抑えています。そして、多くの企業や個人は、せっせとまじめに借金を返しています。これを経済用語では「合成の誤謬」といいますが、日本経済はまさに「合成の誤謬」に陥っています。

　銀行員の内田さんは、ある5つの地方銀行が抱えている不良債権額を調査することになりました。その5行が抱えている不良債権は、39.6億円、38.1億円、37.9億円、38.3億円、40.5億円で、全国平均は39.5億円でした。この5銀行の不良債権額は、全国平均と同じであるといえるのでしょうか？

第2章 統計

問題

　ある5つの地方銀行が抱えている不良債権額は，39.6億円，38.1億円，37.9億円，38.3億円，40.5億円で，全国平均は39.5億円であった．この5銀行の不良債権額は，全国平均と同じであるといえるのだろうか？

　本問は「母分散があらかじめわかっていない場合の平均値の検定（t検定）」により，分析することができます．手順は以下のとおりです．

① 母平均 $m=m^*$ という仮説を設定します．

② 大きさ n の標本をとり，標本平均 $\bar{x}$ と標本分散 s^2 を計算します．

$$\bar{x}=\frac{1}{n}\sum_{i=1}^{n}x_i, \quad s^2=\frac{1}{n}\sum_{i=1}^{n}(x_i-\bar{x})^2$$

③ m^*, $\bar{x}$, s^2 より，u を計算します．

$$u=\frac{\bar{x}-m^*}{\dfrac{s}{\sqrt{n-1}}}$$

④ 付表2のt分布表より $t_{n-1}(0.05)$ を求め，$|u| \geq t_{n-1}(0.05)$ であれば，有意水準5%で，仮説を棄却します（両側検定）．

上記の手順に従って，本例を計算します．

① 母平均 $m=m^*$（39.5億円）という仮説を設定します．

② 大きさ5の標本より，標本平均 $\bar{x}$ と標本分散 s^2 を計算します．

$$\bar{x} = \frac{9.6+38.1+37.9+38.3+40.5}{5}$$
$$= 38.88$$
$$s^2 = \frac{(0.72)^2+(-0.78)^2+(-0.98)^2+(-0.58)^2+(1.62)^2}{5}$$
$$= 1.0096$$

$$s = \sqrt{1.0096} = 1.0048$$

③ m^*, $\bar{x}$, s, n を次の式に代入すると,以下のようになります.

$$u = \frac{\bar{x} - m^*}{\frac{s}{\sqrt{n-1}}} = \frac{38.88 - 39.5}{\frac{1.0048}{\sqrt{4}}} = -1.2341$$

④ 一方,自由度$(5-1)$のt分布は,付表2のt分布表より,$t_4(0.05) = 2.776$ となります.したがって,

$$|u| = 1.2341 < 2.776 = t_4(0.05)$$

となります.つまり,5%の有意水準で検定すれば,「この地域の銀行の平均不良債権額は,全国の銀行の平均不良債権額と同じである」といえます.

解答

このような問題を解決するためのツールに,t検定という手法がある.この手法で本問を分析した結果,4つの銀行が抱える不良債権額は,全国平均と同じであるといえる.

内田さんの調査の結果,5行の不良債権額は全国平均と同程

度であることがわかりました．上司は，「よし，この5行は今はまだ大丈夫だな．平均を超えているようだと……」と，恐ろしい笑顔を浮かべていました．

問題 23　サイコロに細工があるかどうか

　西村くんと工藤くんは，サイコロを使ったゲームを調べているときに，何らかの細工があるといわれているサイコロを古道具屋で買いました．しかし，見たりさわったりしただけでは，サイコロに細工があるかどうか，さっぱりわかりません．そこで，サイコロを何回も振って，特定の目ばかり出たりしないかチェックすることにしました．その結果，180回振って，1の目が38回出ました．サイコロは6面ですから，180回振ったとき，ある目が出る平均回数は30回（180 ÷ 6=30）となります．ここで，西村くんは，「このサイコロは細工がしてあるよ．1の目が平均よりも8回も多く出るなんて」と結論付けました．180回のうち，38回同じ目が出たこのサイコロは，はたして，本当に細工がしてあるのでしょうか？

問題

　あるサイコロを180回振ったとき，1の目が平均より8回多い38回出た．さて，このサイコロは普通のサイコロか細工のあるサイコロか，判別する方法はあるだろうか？

　たとえ正常なサイコロであっても，180回振って180回すべて同じ目が出ることは，理論的にはありえます．しかし，実際問題として，180回振って，同じ目が80回も100回も出たら，

第2章 統計

誰でもそのサイコロはおかしいと考えるでしょう．では，平均値からの誤差がどのくらいであれば，そのサイコロを正常とみなせるでしょうか？

このような問題で，平均値（振った回数の$\frac{1}{6}$，すなわち30回）との差がどのくらいまでなら正常かという問題は，「比率の検定」という手法を使って計算します．この手法のフローチャートは，図34に示すとおりです．

① 母平均$P=P^*$という仮説を設定する．この場合は，$P=\frac{1}{6}$となります．

```
START
↓
母平均P=P*という仮説の設定
↓
大きさnの標本をとり，標本比率 x/n を求める
↓
x/n，P*よりuを計算する
↓
u = (x/n - P*) / √(P*(1-P*)/n)
↓
|u|≧1.96かどうか（両側検定）
  No → 有意水準5%で，仮説を採択する
  Yes → 有意水準5%で，仮説を棄却する
```

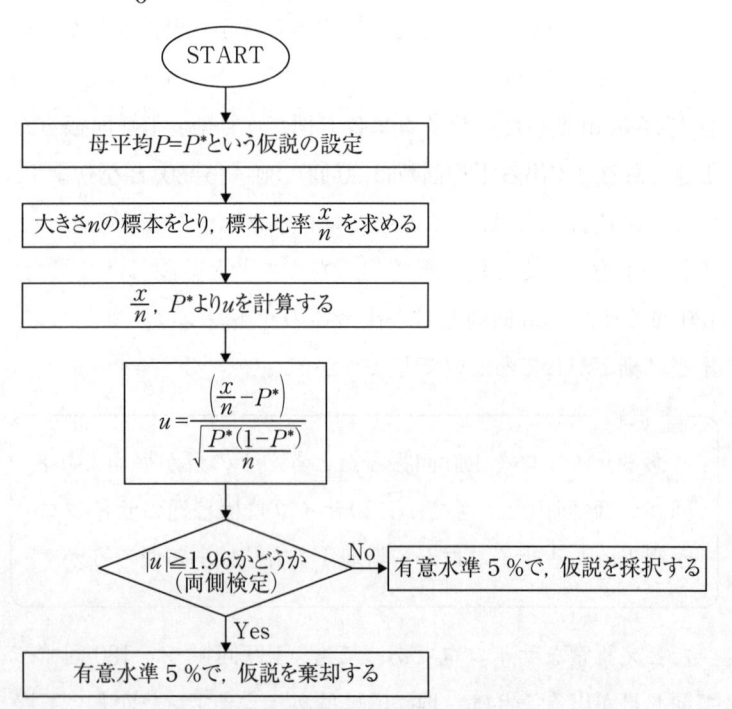

図34 比率検定のフローチャート

② 大きさ n の標本をとり，標本比率 $\dfrac{x}{n}$ を求めます．この場合は，$\dfrac{x}{n}=\dfrac{38}{180}=\dfrac{19}{90}$ となります．

③ $\dfrac{x}{n}$, P^* より，u を計算します．この場合は，

$$u=\frac{\left(\dfrac{x}{n}-P^*\right)}{\sqrt{\dfrac{P^*(1-P^*)}{n}}}=\frac{\left(\dfrac{19}{90}-\dfrac{1}{6}\right)}{\sqrt{\dfrac{\dfrac{1}{6}\times\dfrac{5}{6}}{180}}}=1.199$$

となります．

④ $|u|\geqq 1.96$ なら，有意水準5%で仮説を棄却します（両側検定）．この例の場合，

$$|u|=1.199<1.96$$

となり，このサイコロは正常といえます．

以上でおわかりのように，1の目が38回出た問題のサイコロは，信頼度95%で細工はないと考えてさしつかえありません．

🗝解答

このような問題を解決するためのツールに，比率の検定という手法がある．この手法で本問を分析した結果，サイコロに細工がないことがわかった．180回中38回1の目が出ることは，細工がないサイコロでも十分起こりえる，ということである．

分析の結果，サイコロに細工はないことがわかりました．西村くんは，「なんだ，このサイコロには細工はないのか．この

第2章 統計

サイコロでは,ぼくたちをだますことはできないね」と工藤くんに明るく呼びかけました.しかし工藤くんは暗い顔で,「西村くん,ぼくたちはこのサイコロを買ってしまった時点で,すでにだまされているんだよ」と落ち込んでいます.確かに!

問題24 サイコロの細工を検証しよう

前問で解決したかに思えたサイコロ問題ですが,だまされたことを認めたくない西村くんは,「1の目の検定だけでは不十分だ,全部の目を検定しなければ納得できない」と主張したのでした.あまりの剣幕に,工藤くんは全部の目を検定することにしました.その結果が表13です.このサイコロに細工はあるのでしょうか? また,どのように調べればよいのでしょうか?

> **問題**
>
> あるサイコロを180回振ったとき,表13の結果となった.このサイコロに細工はあるだろうか.また,どのようにして判別すればよいだろうか.

前問では,「1の目」だけに注目したので,「比率の検定」という手法を使いました.しかし本問では「1の目」から「6の目」までの全部の目に注目しなければならないので,「χ^2検定」と

表13 サイコロの目の出現頻度

	1の目	2の目	3の目	4の目	5の目	6の目	計
実測回数	38	25	28	32	31	26	180
期待回数	30	30	30	30	30	30	180

いう手法を使います．

χ^2 検定とは，例えば，表 14 に示すように，n 回の試行により，結果が ℓ ケースに分かれる場合を考えます．各ケースが出現する確率を P_1, P_2, ……, P_l とします（$P_1+P_2+……+P_\ell=1$）．

実測回数 Q を，それぞれ，x_1, x_2, ……, x_ℓ とする（$x_1+x_2+……+x_\ell=n$）と，期待回数 F は，それぞれ，nP_1, nP_2, ……, nP_ℓ となります．この Q と F の差に有意差があるかどうかの検定を，χ^2 検定といいます．

χ^2 検定の手順は，次の4ステップから成り立っています．

① ステップ1

次の式を計算します．すなわち，実測回数 Q と期待回数 F の差の2乗を期待回数 F で割った値の合計値を計算します．

$$\sum \frac{(Q-F)^2}{F} = \sum_{i=1}^{n} \frac{(x_i - nP_i)^2}{nP_i} = \chi^2$$

この式は，自由度（$\ell-1$）の χ^2 分布に近似的に従うことが知られています．

自由度とは，「母集団から n 個の標本を抽出することを考えると，どの標本の抽出の際にもそれは以前に抽出された標本の値や，以降の標本の値とは無関係に自由に母集団のすべてのと

表14 実測回数と期待回数

	1	2	……	ℓ	計
Q	x_1	x_2	……	x_ℓ	n
F	$n \times P_1$	$n \times P_2$	……	$n \times P_\ell$	n
$Q-F$	x_1-nP_1	x_1-nP_2	……	x_1-nP_ℓ	0

りうる値の1つを選択できる．つまり，この標本抽出は自由度 n だとみなすのが適当である．ところが1組の標本から統計量をつくる場合には，標本値とほかの統計量との関係があるために選択の自由度が減ることがある．たとえば標本 x_1, x_2, ……, x_n を考えるときに標本平均があらかじめ定められた値 $\bar{x}$ だと仮定する．すると，明らかに $\sum_{i=1}^{\ell} x_i = n\bar{x}$ が成立する．これは，x_1, x_2, ……, x_n のうち自由に値がとれるのは $n-1$ 個で，残りの1つは上の関係式からおのずと決められてしまう．この場合，自由度は $n-1$ である」というものです(林知巳夫，脇本和昌監訳：『確率・統計ハンドブック』，p.174，森北出版，1975年)．

χ^2 分布：X_1, X_2, ……, X_n が正規母集団 $N(0, 1)$ から抽出した標本とするとき，統計量 $\chi^2 = X_1^2 + X_2^2 + \cdots + X_n^2$ は，つぎの確率密度関数をもつ確率分布に従うということが知られています．

$$f(\chi^2) = \begin{cases} \dfrac{1}{2^{\frac{n}{2}} \Gamma\left(\frac{n}{2}\right)} (\chi^2)^{\frac{n}{2}-1} e^{\frac{n}{2}x^2} & (\chi^2 \geq 0) \\ 0 & (\chi^2 < 0) \end{cases}$$

(ただし，$\Gamma(s) = \int_0^\infty x^{s-1} e^{1-x} dx$ はガンマ関数)

この分布を自由度 n の χ^2 分布(カイ2乗分布)といいます．

注：χ^2 は非負ですが，f を $-\infty$ から $+\infty$ の全範囲上で定義するために，「$\chi^2 < 0$ のとき $f=0$」とおきました．こう

おくと「都合がいい」からです.

本問では,

$$\chi^2 = \frac{(8)^2}{30} + \frac{(-5)^2}{30} + \frac{(-2)^2}{30} + \frac{(2)^2}{30} + \frac{(1)^2}{30} + \frac{(4)^2}{30} = 3.8$$

となります.

② ステップ2

付表4のχ^2分布表より,$\chi_{\ell-1}^2(0.05)$(5%の有意水準)を求めます.本例における自由度は$(6-1)$で,χ^2分布に近似的に従います.したがって,付表3のχ^2分布表より,$\chi_5^2(0.05)$を求めます.すなわち,$\chi_5^2(0.05) = 11.07$となります.

③ ステップ3

①で求めたχ^2と②で求めた$\chi_{\ell-1}^2(0.05)$の値を比較します.本問の場合,$\chi^2 = 3.8 < 11.07 = \chi_5^2(0.05)$となります.

④ ステップ4

その結果,$\chi^2 \geq \chi_{\ell-1}^2(0.05)$が成立すれば,有意水準5%で仮説(実測回数$Q$と期待回数$F$に有意差がない)を棄却します.本問の場合,$\chi^2 < \chi_{\ell-1}^2(0.05)$なので,このサイコロは正常であるといえます.

以上のように,表13に示したサイコロの出現頻度は,信頼度95%で正常と考えてさしつかえありません.

解答

このような問題を解決するためのツールに,χ^2検定という手法がある.この手法で本問を分析した結果,このサイコロに細工はない,という結論になった.

問題 24 サイコロの細工を検証しよう

　分析の結果，お金を損した，と西村君はがっかりしてしまいました．もっとも，このサイコロを 2 度も疑った西村くんを批判することはできません．サイコロの目の出現頻度がいくら比率の検定や χ^2 検定で検証されたといっても，あくまでもこれは経験的な現象を数学的に解釈した結果にすぎません．あのサイコロが，181 回目以降，1000 回続けて 1 の目を出す可能性が 0 だとは，誰にもいえないのですから……．

第3章

戦　略

　戦略とは，一般的には特定の目的を達成するために，長期的視野と複合思考で力や資源を総合的に運用する技術や科学のことをいいます．また，種々の問題を解決するための手法でもあります．

　本章では，戦略という考え方と，どのように問題解決のために用いるかという視点から，線形計画法やバトルゲーム，待ち行列理論，ゲーム理論などを紹介します．

第3章 戦略

問題 25　週末の遊び方

　松尾さんはテニスとマージャンが大好きなのですが，ある週末，どちらのメンバーからもお誘いがかかってしまいました．時間は松尾さん任せ，となったのですが，土曜日はマージャンをやって，日曜日はテニスにするか，それとも，マージャンは土曜日の午後だけにして，テニスの時間を増やそうか，それに，費用のことも考えなければと，松尾さんは困ってしまいました．

　ここで松尾さんの場合，ややテニスのほうが好きということで，マージャンをしたときの満足度を5，テニスをして得られる満足度を6とします．マージャンにしろテニスにしろ，あまり小刻みにやっても興がのりませんので，1回につき，マージャンが4時間，テニスは2時間，またその費用は，それぞれ2千円，4千円とします．また総予算は2万円，週末の余暇時間は16時間とします（表15参照）．

　では，最小の費用で最大の満足を得るには，松尾さんは，マージャンとテニスをそれぞれ何回ずつやればいいでしょうか？

表15　時間，費用と満足度

	時間	費用	満足度
マージャン	4(時間)	2(千円)	5
テニス	2(時間)	4(千円)	6

問題 25　週末の遊び方

> **問題**
>
> 松尾さんは週末の遊び方をどうしようか悩んでいる．さまざまなケースが考えられるが，合理的に決めるにはどうすればよいだろうか？

この問題は，線形計画法で解決できます．マージャン，テニスの回数をそれぞれ x, y 回，そのときに得られる満足度の合計を z とすれば，$z = 5x + 6y \Rightarrow \mathrm{MAX}$ となります．このときの z を最大にすればよいのですが，時間と費用にはそれぞれ次のような制約条件があります．

① 時間：16時間以内：$4x + 2y \leqq 16$
② 総費用：2万円（20千円）以内　$2x + 4y \leqq 20$
③ x, y はともに正かゼロの数　$x \geqq 0$, $y \geqq 0$

以上3つの制約条件①〜③を満足する点 (x, y) の存在範囲は，図 35 の斜線部分にあたります．満足度を表す式を考えると，以下となります．

$$z = 5x + 6y$$

この直線が図 35 の斜線と共通点をもつ限り，z が最大になるのは，この利益を表す直線が 2 直線

$$\left.\begin{array}{r} 4x + 2y = 16 \\ 2x + 4y = 20 \end{array}\right\}$$

の交点 $(x = 2, y = 4)$ を通るときです．

したがって，満足度が最大になるのは，マージャンを 2 回，

図 35 図解

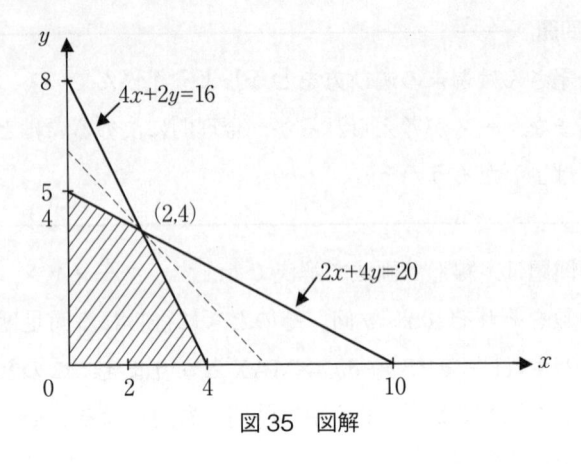

テニスを4回するときで,

$$z = \quad 10 \quad + \quad 24 \quad = \quad 34$$
$$\vdots \qquad\qquad \vdots \qquad\qquad \vdots$$
マージャン　テニス　総満足度

となります.以上で,松尾さんの週末の遊び方に関する問題は解決されました.

ところで,このような問題は,一般に線形計画法の問題と呼ばれ,経営のための数学の一分野としていろいろと研究され,経済・政治・社会のあらゆる方面にその威力を発揮しています.また,実際に線形計画法が適用される場合には,変数が2つ3つどころではなく,100あるいはそれ以上の場合が多く,近年はコンピュータの発達により,それらの問題は早く正確に解けるようになってきました.また,本問は,線形計画法主問題と呼ばれています.この手法は,典型的なマトリックス思考がそのベースに流れています.

問題 25 週末の遊び方

> **🔑 解決**
>
> このような問題を解決するのに最も適したツールが,線形計画法である.本問では,週末はマージャンを2回,テニスを4回するのが松尾さんにとってベストである,と結論づけられた.このように,仕事や勉強,趣味の時間配分など,さまざまなところで有効なツールである.

分析の結果,マージャンを2回×4時間=8時間,テニスを4回×2時間=8時間やるのがベスト,という結論になりました.そこで松尾さんは,土曜日にマージャン8時間,日曜日にテニス8時間というスケジュールを組みました.これで完璧,となるはずだったのですが,日曜日に8時間もテニスを楽しんだせいで,月曜日はひどい筋肉痛と戦う羽目になってしまいました.「しまった,私の体力は計算に入れていなかった!」

ただし,この手法は,時間と費用だけでなく,体力も考慮して計算することも可能です.

第3章 戦略

問題26 バトルゲームの勝者は？

パンゲア共和国とマントル王国の両代表が，夕食会後にゲームをすることになりました．たまたま食事会に同席していた外務官の長谷川氏は，パンゲア共和国の代表から，「別に勝つのが目的ではないが，ゲームの本質は何なのか，分析してアドバイスしてくれ」と頼まれてしまいました．

ゲームの条件として，パンゲア共和国は2地域の利権を有し，マントル王国は1地域の利権を有するものとします．したがって，このゲームは，2対1の資力で戦うバトルゲームとなります．そして，1回の戦いは50%の勝率とします．そして，1回の戦いで勝った方は，相手の利権を1つ取り上げ，自分の利権とすることができます．このような戦いを何回か行い，どちらか一方が破産するまで続け，勝ったほうが資源を独占できます．さて，どちらかが利権を独占する確率はいくらでしょうか．また，ゲーム開始時の利権が $\alpha : \beta$ の場合はどうなるのでしょうか．そして，長谷川氏は，どのようにアドバイスすればよいでしょうか．

―📖問題 ―
両国の代表がゲームで対決することとなった．このような場合，どう分析すればよいだろうか．

問題26 バトルゲームの勝者は？

　まず，パンゲア共和国とマントル王国が資力2:1で戦う場合を考えます．このとき，ゲームの進行は，図36に示すようになります．図36では，パンゲア共和国の勝ちを○，パンゲア共和国の負け（マントル王国の勝ち）を●で示しています．まず1回戦で，パンゲア共和国が勝てばパンゲア共和国の利権は3になり，マントル王国の利権は0になりゲームは終了，パンゲア共和国の勝ちとなります．1回戦でマントル王国が勝てば，パンゲア共和国の利権は1，マントル王国の利権は2になり，両国とも資力が残るので2回戦に進みます．

　2回戦で再びマントル王国が勝つと，こんどはパンゲア共和国の利権が0になってゲームは終了，そしてマントル王国の勝ちとなります．2回戦でパンゲア共和国が勝つとパンゲア共和国の利権は2に，マントル王国の利権は1になり，ゲームを始める前の状態に戻ります．

　ここで，戦いの結果を確率で表現すると，以下のようになります．

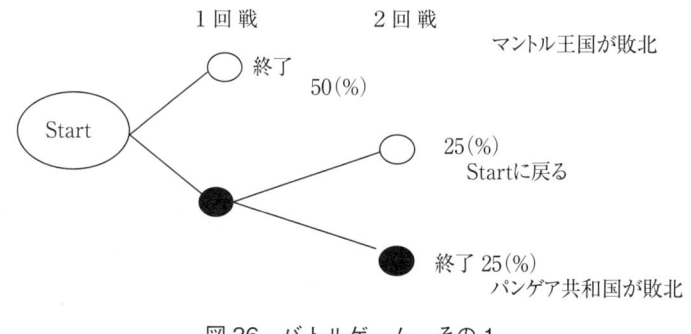

図36 バトルゲーム　その1

① パンゲア共和国敗北……25%($\frac{1}{4}$)
② マントル王国敗北……50%($\frac{1}{2}$)
③ スタート時の状態に戻る……25%($\frac{1}{4}$)

さらに，③スタート時の状態に戻るは，上記3結果(① 25%，② 50%，③ 25%)に分かれていくはずであり，さらに，その結果③も，また，①，②，③に分かれていきます．したがって結果①は，

$$25\% + (25\%)^2 + (25\%)^3 + \cdots\cdots$$

$$= \frac{1}{4} + \left(\frac{1}{4}\right)^2 + \left(\frac{1}{4}\right)^3 + \cdots\cdots = \frac{\frac{1}{4}}{1-\frac{1}{4}} = \frac{1}{3}$$

となります．一方，結果②は，

$$50\% + 25\% \times 50\% + (25\%)^2 \times 50\% + \cdots\cdots +$$

$$= \frac{1}{2} + \frac{1}{4} \times \frac{1}{2} + \left(\frac{1}{4}\right)^2 + \cdots\cdots = \frac{\frac{1}{2}}{1-\frac{1}{4}} = \frac{2}{3}$$

となります．

以上の計算結果より，パンゲア共和国の負けとマントル王国の負けは$\frac{1}{3}$と$\frac{2}{3}$に収束する，逆にいえば，パンゲア共和国の勝ちとマントル王国の勝ちの確率は$\frac{2}{3}$と$\frac{1}{3}$になります．

ところで，上の結果を解析的に導くと次のようになります．例えば，パンゲア共和国が勝つ確率をSとすると，

$$S = \quad 0.5 \quad + \quad 0.5 \quad \times (1-S)$$

↓　　　　　↓　　　　　↓
1回戦でパンゲア共和国が勝つ確率　　1回戦でパンゲア共和国が負ける確率　　1回戦でパンゲア共和国が負けたときマントル王国を破産させる確率(このとき，パンゲア共和国の利権が1でマントル王国の利権が2になっているため)

となります．したがって，この式を解くと，

$$S = \frac{2}{3}, \quad 1-S = \frac{1}{3}$$

となります．

次に，パンゲア共和国の利権が3で，マントル王国の利権が1の場合を考えます．考え方はまったく同じで，ゲームの進行は図37に示すようになります．そこで，結果を確率で表現すると，以下のようになります．

① パンゲア共和国敗北……12.5%（$\frac{1}{8}$）
② マントル王国敗北……50%（$\frac{1}{2}$）
③ 両国互角……12.5%（$\frac{1}{8}$）
④ スタート時の状態に戻る……25%（$\frac{1}{4}$）

さらに，④のスタート時の状態に戻るは，上記結果（①，②，

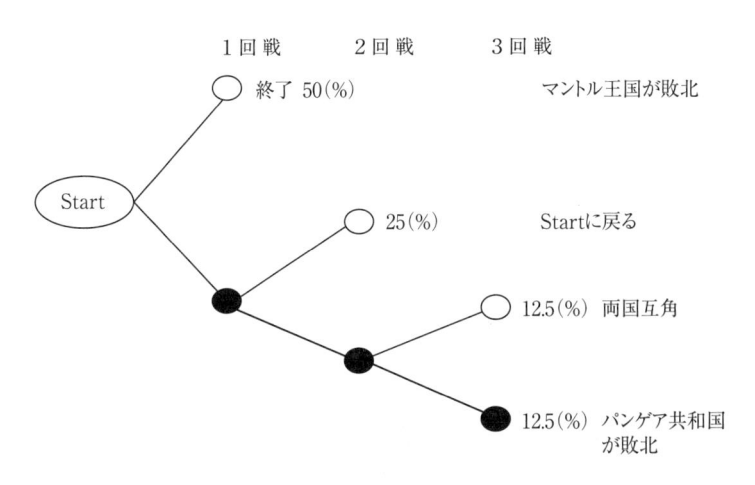

図37 バトルゲーム その2

③,④)に順々に分かれていき,最終的に結果①は$\frac{1}{6}$に収束します.以下,結果②は$\frac{2}{3}$,結果③は$\frac{1}{6}$になります.結果③は,パンゲア共和国とマントル王国の勝利確立を半分ずつ分けあいますので,$\frac{1}{12}$ずつ結果①,②に加えられます.したがって,結果①は$\frac{1}{4}$に,結果②は$\frac{3}{4}$になることがわかります.

以上の計算結果より,パンゲア共和国勝利とマントル王国勝利の確率は,$\frac{3}{4}$と$\frac{1}{4}$になります.

この結果を解析的に導くと,例えばパンゲア共和国が勝つ確率をSとすると,1回戦にパンゲア共和国が勝てば確実に勝てます.また,1回戦でパンゲア共和国が負けると資力が2つずつになり互角となります.

したがって,$S=0.5+0.5\times 0.5$となります.ゆえに,$S=\frac{3}{4}$,$1-S=\frac{1}{4}$となります.

このようにして,パンゲア共和国とマントル王国の利権数(資力)が異なる場合について調べてみると,利権独占の確率は両国の資力に正比例することがわかりました.すなわち,パンゲア共和国の資力をα,マントル王国の資力をβとすると,

$$\text{パンゲア共和国が勝つ確率}:S=\frac{\alpha}{\alpha+\beta}$$

$$\text{マントル王国が勝つ確率}:A=\frac{\beta}{\alpha+\beta}$$

となり,$S:A=\alpha:\beta$となります.

問題 26 バトルゲームの勝者は？

> **解答**
>
> このような問題を解決するのに最も適したツールが，バトルゲームである．本問を分析すると，パンゲア共和国が勝つ確率が $\frac{2}{3}$，マントル王国が勝つ確率が $\frac{1}{3}$ であること，またゲーム開始時の資力の比がそのまま勝率に反映されていることがわかった．

両代表はさまざまな条件で何度か対決し，ゲームを楽しみましたが，長谷川氏の分析により，パンゲア共和国の代表がやや優勢でした．ゲームが終わった後，マントル王国の代表が，「いや，今日は楽しかったよ．でも，本番ではこうはいかないからね」と言い残し，帰っていきました．にこやかに見送った長谷川氏でしたが，「本番とは何のことだろう」と内心は冷や汗が流れていました．

第3章 戦略

問題27　レジ台数の決め方

　ある地方の小都市の駅前にスーパーマーケットが開店しました．大規模な店ではありませんので，レジのコーナーは1つにしました．ところが，開店後予想以上に客足が伸び，レジでの順番待ちのお客さんが多くなってしまいました．

　そこで，このスーパーマーケットの藤井店長は，前に担当していた店はレジが3台体制だったので，レジをもう2台増やして合計3台にすれば，順番待ちのお客さんが0になるはずだ，と考えました．しかしこの話を聞いた数学が得意な新人の山下くんが，こう提案しました．「店長，ぼくの計算では，もう1台増やすだけで，待たされるお客さんはほとんど0になりますよ．2台も増やすなんて，もったいないです」．

　はたして，山下くんが言ったとおりになるでしょうか．なお，このスーパーマーケットのレジを利用する客の数は1時間に平均24人，1人のお客さんがレジで清算するのにかかる時間は，平均約2分となっています．

問題

あるスーパーマーケットは,レジが1台であったが,客足の増加に伴ってレジを増やすことにした.藤井店長は経験からレジを2台増やそうと考えたが,新人の山下くんは1台増やせばよいという.どちらが正しいのだろうか.

ちょっと考えると,待たされるお客さんが多くなれば,レジを3台くらいにすればいい,と急いで結論づけたくなるものです.しかし,人間の行動をよく観察していると,そう単純にはいかないことがわかってきます.

このような問題には,オペレーションズ・リサーチという分野の「待ち行列理論」を使います.ここでは計算のプロセスは省き,計算の結果だけを下記で紹介します.

レジが1台のとき:順番待ち平均人数　3.20人

レジが2台のとき:順番待ち平均人数　0.15人

1台のときに比べると,2台の場合,順番待ち人数は実に$\frac{1}{20}$に減少します.ただ,0.15人のお客さんというものは実際には存在しませんので,ほとんど0になる,という山下くんの説は妥当です.

それでは,藤井店長の言うように,レジを3台にしたらどうなるのでしょうか.計算すると,3台の場合の順番待ち人数は0.02人,さらに増やして4台にすれば,完全にゼロとなります.ただし,3台や4台になると,レジが遊んでいるだけの時間が非常に長くなり,大きなムダが生まれます.

話をもう少し続けます.レジ1台,1人あたりの平均利用時

間2分として、1時間平均30人のお客さんが来たらどうなるでしょうか。少し考えると、6人増えただけだから大したことはないだろう、とたかをくくりたくなります。ところが、理論上では、来客数が1時間あたり30人になると、順番待ちの人数は無限大に大きくなってしまいます。

たかだか来客数が6人増えただけで、えんえんと長蛇の列ができてしまうという結果には、驚かれることでしょう。逆に、来客数が1時間あたり12人と半分になると、これまた驚くべきことに順番待ち人数は0.27人となり、約$\frac{1}{12}$にまで減ってしまいます。以上のことをグラフにして、図38にまとめました。

また、レジを1台から2台にした結果か、1時間あたりの来客数も倍の48人になったとします。すると、順番待ち人数は、レジが1台のときの人数に逆戻りしてしまうのでしょうか。また、レジを3台、4台と増やしていき、その結果、来客も2倍、4倍と増えていったとして、順番待ちの客の数はどうなるでしょうか。計算してみると、次のようになります。

つまり、レジの台数に比例して来客数が増えたとしても、順

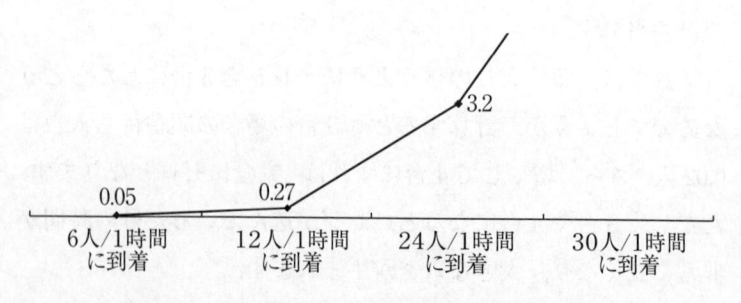

図38 時間あたりの来客数と行列の人数 その1

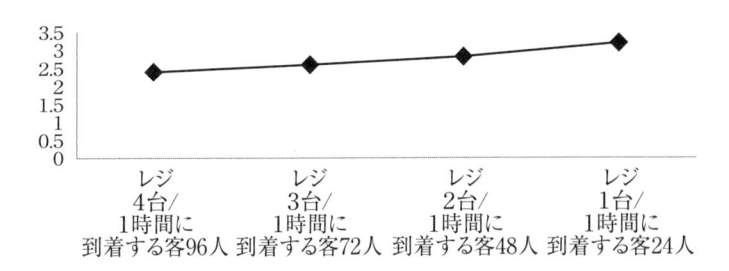

```
3.5
  3
2.5
  2
1.5
  1
0.5
  0
      レジ           レジ           レジ           レジ
     4台/           3台/           2台/           1台/
   1時間に        1時間に        1時間に        1時間に
  到着する客96人 到着する客72人 到着する客48人 到着する客24人
```

図 39　時間あたりの来客数と行列の人数　その 2

表 16　来客数と順番待ち人数

レジの台数	来客数	順番待ち人数
1	24	3.2
2	48	2.8
3	72	2.6
4	96	2.4

番待ち人数そのものは少しずつ少なくなっていきます（図 39，表 16 参照）

― 🔑 解決 ―

　このような問題を解決するのに最も適したツールが，待ち行列理論である．本問を分析した結果，レジは 1 台増やせば十分である，という結論が出た．感覚的には，レジを 1 台増やせば行列は半分くらいになるのでは，と考えそうなものだが，実際には非常に大きな効果となる．

　山下くんの提案によって，レジは 1 台だけ増やすことにしました．すると，順番待ちの行列は，見事解消できました．「山下くん，ありがとう．よけいなコストをかけてしまうところだったよ」と，藤井店長がお礼を言ったところ，「いえいえ，

簡単なことでしたし．ところで，浮いたコスト分，何かご褒美はないんですかね？」と，にっこり笑っている山下くんなのでした．

問題 28　戦いの極意

　日本史好きの宮本さんが，同好の士である阿部さんと話しています．「阿部さん，荒木又右衛門という人を知ってる？　伊賀上野(現在の三重県上野市)の「鍵屋の辻の決闘」で名をあげた，江戸時代初期の剣豪なのよ．義弟の仇討ちに助っ人として駆けつけた彼は，そのとき，なんと 36 人の敵をなで斬りにしたといわれているの．それに，かの宮本武蔵は，一乗寺下り松の決闘で，吉岡門下十数人を斬ったといわれているわ」すると阿部さん，「高田馬場の仇討ちで有名な堀部安兵衛も，やはり十数人をやっつけているけれど，そんなのは昔の人の作り話じゃない？　1 人で大勢を相手に勝てるわけがないじゃない」．さて，1 人で大勢を相手に勝つというようなことは可能なのでしょうか．

問題

　昔の剣豪は，大勢を相手にしても勝ったといわれているが，それは本当なのだろうか．そして，それを可能にする戦い方があるとすれば，その極意とは何なのだろうか．

　結論を言うと，相手が 10 人だろうと 20 人だろうと，勝つことは可能です．ただし，当然ながら，昔の言葉でいえば兵法，つまり作戦が重要になります．「同時に 3 人以上の相手をしな

第3章 戦略

い」、これが多数の敵を破る極意です。すなわち、大勢を一度に相手にせず、うまく1人ないし2人ずつ相手にすれば、相手が大人数でも勝つことができます。

この「同時に3人以上を相手にしない」作戦は、「ランチェスター戦略モデル式」です。ランチェスターの法則は、イギリスの技術者ランチェスターにより提唱された理論で、第1次世界大戦(英独戦)の戦闘機の戦いにおけるデータを基に解析されました。この理論は、第2次世界大戦における空軍の作戦に適用されたり、その後に、オペレーションズ・リサーチの一分野として、経営戦略などに適用されています。そして、クープマンという学者が、この「ランチェスター戦略モデル式」から戦いの勝ち方に関する有力な法則をいくつか導き出したのですが、その中の1つがここで紹介する「3対1の法則」です。もう少しくわしく説明すると、「(軍隊同士の戦闘で、一方がいくら運がよくて士気が高くても)相手との力関係が3対1になると、均衡を保つのは不可能になる」というものです。この法則を裏返せば、「どんなに強い相手でも、3人一度にかかれば勝てる」ということになります。第2次世界大戦中、アメリカ空軍は、小回りのきく日本の零戦を相手に大いにてこずりました。とくに、体当たり攻撃を繰り広げる特攻隊は恐怖の的でした。そこで、物量に勝るアメリカ空軍が採用したのが、クープマンによる「3対1の法則」による作戦です。アメリカ軍は日本の戦闘機の3倍の数の戦闘機を用意し、零戦1機を3機で同時に攻撃したのです。こうして、アメリカ軍は損害を最小限にとどめつつ、つぎつぎに勝利を収めていきました。さしもの

"空の神兵"たちも，敗れるべくして敗れたといえるでしょう．

次に，このクープマンの法則の一般論理論であるランチェスターの法則について，例とともに紹介します．

いまから約400年前，戦国時代のころ，甲氏と乙氏は全国統一をめざししのぎを削っていました．当時，戦いの主力はいまだ一騎討ちでした．そんなとき，甲氏と乙氏の合戦が始まった．甲氏の軍団は2000人，乙氏の軍団は1000人で，普通に戦えば甲氏が勝つでしょう．そこで乙氏は，甲軍団に勝つためには，乙軍団の一人ひとりの力量が甲軍団よりどれくらい勝っていればよいかを考えました．この場合の力量比(R)とは「乙軍団の武士1人がやられるとき，甲軍団の武士R人がやられる」ことを表しています．

さて，乙軍団の武士の数は甲軍団の半分ですから，乙軍団が勝つためには，乙軍団の武士の力量が甲軍団の武士より2倍以上あればよい，と直観的に理解できます．しかし，どのようにすれば説明できるでしょうか？

この問題をランチェスターの法則により解きます．合戦が始まってからある時間の後，甲軍団の武士の数をuとすると，それまでに脱落した武士の数は，$2000-u$となります．一方，同じ時点の乙軍団の武士の数をvとすると，それまでに脱落した乙軍団の武士の数は，$1000-v$となります．いま，乙軍団の武士の力量が甲軍団のR倍とすると，$2000-u=R(1000-v)$となります．すると，乙軍団の武士の数vは，以下のように表すことができます．

$$v = \frac{1}{R}(u - 2000 + 1000R)$$

ここで,力量比 R に数値を代入して,乙軍団の武士の数 v と甲軍団の武士の数 u の関係をグラフにします(ただし,$R=1$, 1.5, 2, 3, 4, 5 とする(図40)).図を見ると,甲乙両軍の武士の力量が同じとき($R=1$),甲軍(u)2000人,乙軍(v)1000人で始まった戦いは,時間の経過とともに u, v とも減少し,v が0,すなわち乙軍が全滅したとき,甲軍は1000人の武士が残っていることを示しています.そして,乙軍の武士の力量が甲軍の1.5倍($R=1.5$)のとき,乙軍が全滅すると,甲軍は500人の武士が残っています.また,乙氏の直観的予測どおり,乙軍の武士の力量が甲軍の2倍のとき($R=2$),両軍は引き分けとなります.一方,力量比(R)が2倍以上になると,乙軍が勝つことも

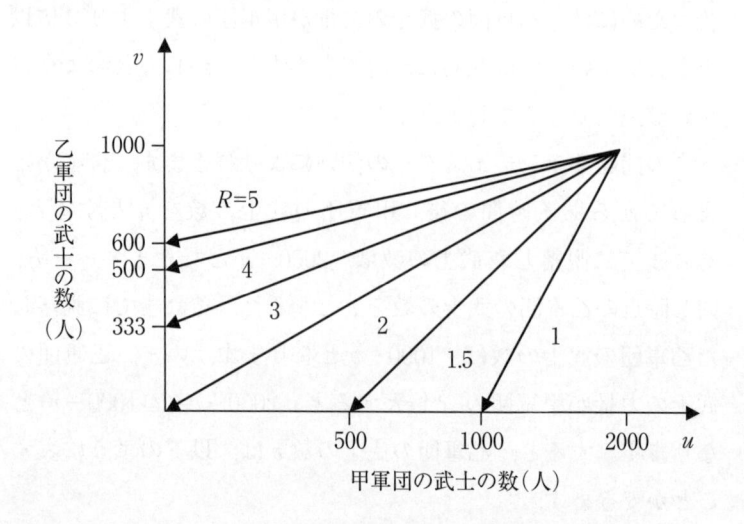

図40 甲,乙軍団の武士の人数

わかります.すなわち,力量比が3倍になると,甲軍団が全滅するとき,乙軍団は,333人の武士が残っており,力量比が4倍,5倍になると,乙軍団の武士がそれぞれ500人,600人残っていることがわかります.

さて,この甲乙合戦をもう少し一般的に考えます.すなわち,

　　　甲軍団の最初の武士の数：α(人)

　　　乙軍団の最初の武士の数：β(人)

とします.すると,両軍団のある時点の武士の数 u, v の関係は,

$$\alpha - u = R(\beta - v) \tag{1}$$

という式で表現できます.この関係式を,ランチェスターの1次法則といいます.この式は,(甲軍団で脱落した武士の数)は,(乙軍団で脱落した武士の数)の R 倍に等しいという意味です.そこで,この式を以下に示す微分方程式より誘導します.

ランチェスターの1次法則は,例えば,ごく微小な時間内に甲軍団の武士の数は du だけ減り,乙軍団の武士の数は dv だけ減るとすれば,以下の式で表現できます.

$$-du = -Rdv$$

ここで,この両辺を積分すると,

$$u = Rv + C \quad (Cは積分定数)$$

となります.ただし,合戦の最初は,u が α,v が β ですから,

$$\alpha = R\beta + C$$

となります．すなわち

$$C = \alpha - R\beta$$

となり，この C を $(u=Rv+C)$ の式に代入すると，

$$\alpha - u = R(\beta - v)$$

となり，前述したランチェスターの1次法則の式と一致します．以上が甲乙合戦のランチェスターの1次法則による分析です．

なお，クープマンの「3対1の法則」は，一騎討ちの戦い（ランチェスターの1次法則）において，個人の力量比 R が3以上にならないことを経験的に示しているといえます．

🗝 解答

> このような問題を解決するのに最も適したツールが，クープマンの3対1の法則であり，これを証明したランチェスターの1次法則である．本問では，荒木又右衛門や宮本武蔵は，同時に3人以上を相手にしなければ，多人数相手に勝利を収めることが可能であることがわかった．

宮本さんは，阿部さんにランチェスターの1次法則を説明しました．「へえー，すごく研究しているのね．すごいわ」と感心した阿部さんは，「ねえ，もっといろいろ教えてよ」と楽しそうです．2人はより一層仲良くなっていくのでした．

問題 29　集団戦の極意

　前問でさまざまなことを学んだ阿部さんでしたが，今度は「個人と個人だと，3対1の法則というのがあることはわかったわ．では，集団と集団で3対1なら勝てるの？」と宮本さんに質問しました．宮本さんは，どのように答えればよいのでしょうか．

> **問題**
> 　個人の戦いにおいては，3対1の法則が成立することがわかったが，集団と集団の戦いにおいても適用できるのだろうか．

　前問において説明した甲氏と乙氏の合戦は，結局は引き分けに終わり，決着はつきませんでした．本問は，それから10年後に行われた第2次甲乙合戦について記述します．人数は前回同様甲氏の軍団は2000人，乙氏の軍団は1000人でしたが，戦いの主力は一騎討ちによる1対1の戦いから，鉄砲による集団と集団の戦いに変わっていました．鉄砲の性能が両軍団とも同じであれば，甲軍団は楽勝です．そこで乙氏は，乙軍団が使う鉄砲が甲軍団の鉄砲よりどれくらい性能がよければ勝てるのか考えました．ただし，この場合の性能比(R)とは，「乙軍団の鉄砲の方が性能がよく，甲軍団の鉄砲に比べてR倍もの弾丸

を発射できる」ことを表しています．乙軍団の武士の数は甲軍団の半分ですから，乙軍団が勝つためには，乙軍団の鉄砲の性能が甲軍団の鉄砲の性能より3倍以上あればよいことが，前回の結果(ランチェスターの1次法則)より推測できます．しかし，乙氏は，この推測に疑問をもちました．というのは，前回は1対1の個人戦でしたが，今回は集団の戦いだからです．さて，ではどのようにすれば乙軍団が勝てる鉄砲の性能比(R)が計算できるでしょうか？

この問題をランチェスターの法則で分析します．すなわち，ごく微小な時間内に甲軍団の武士の数はduだけ減り，乙軍団の武士の数はdvだけ減るとします．このとき，dvは甲軍団からの弾丸の数に比例し，甲軍の弾丸の数は甲軍の生存者数uに比例します．つまり，

$$-dv = Cu \quad (Cは定数) \tag{1}$$

となります．一方，duは乙軍からの弾丸の数に比例し，乙軍団の弾丸の数は乙軍の生存者数vに比例します．ただし，乙軍の鉄砲の性能が甲軍のR倍あるので，次式のようになります．

$$-du = RCv \tag{2}$$

そこで，(1)式を(2)式で割ると，

$$\frac{dv}{du} = \frac{u}{Rv} \tag{3}$$

となります．そこで(3)式を，

$$udu = Rvdv$$

のように変形して両辺を積分すると，

$$v^2 = Rv^2 + D \quad (Dは積分定数) \tag{4}$$

となります．ただし，合戦の最初は u が 2000 人，v が 1000 人ですから，

$$D = u^2 - Rv^2 = (2000)^2 - R \times (1000)^2$$

です．したがって，(4)式は，

$$(2000)^2 - u^2 = R(1000^2 - v^2) \tag{5}$$

となります．そこで，(5)式において具体的に鉄砲の性能比 R に数値を代入して，乙軍団の武士の数 v と甲軍団の武士の数 u の関係をグラフにします．ただし，$R=1, 2, 3, 4, 5, 10$ とします(図 41)．

図 41 を見ると，甲乙両軍の鉄砲の性能比が同じであるとき ($R=1$)，甲軍(u)2000 人，乙軍(v)1000 人で始まった戦いは，時間の経過とともに u, v とも減少し，v が 0，すなわち乙軍が全滅したとき，甲軍は 1732 人の武士が残っていることを示しています．そして，乙軍の鉄砲の性能比が甲軍の 2 倍であるとき($R=2$)，乙軍が全滅すると，甲軍は 1414 人の武士が残っています．すなわち，乙氏の疑問が的中し，$R=2$ では互角に戦えないことがわかります．乙軍の鉄砲の性能比が甲軍の 3 倍であるとき($R=3$)でも，乙軍が全滅しても，甲軍は 1000 人残

第3章 戦略

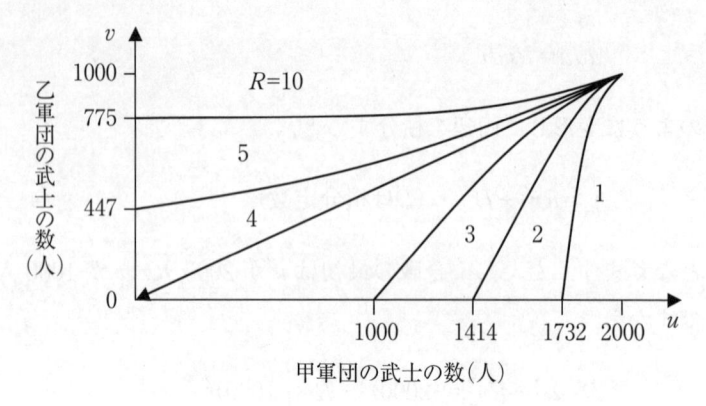

```
乙軍団の武士の数（人）
v
1000
775 ── R=10
          5
447
          4
              3    2    1
0
    1000  1414 1732 2000  u
         甲軍団の武士の数（人）
```

図 41 甲，乙軍団の武士の数

っており，乙軍の鉄砲の性能比が甲軍の 4 倍であるとき ($R=4$)，やっと両軍は引き分けとなります．

一方，性能比 (R) が 4 倍以上になると乙軍が勝つことがわかります．すなわち，性能比が 5 倍になると，甲軍団が全滅するとき，乙軍団は 447 人の武士が残っており，性能比が 10 倍になると，乙軍団の武士が 775 人残っていることがわかります．

さて，この甲乙合戦をもう少し一般的に考えてみます．ここで，

　　甲軍団の最初の武士の数：α（人）

　　乙軍団の最初の武士の数：β（人）

とします．すると，両軍団のある時点の武士の数 u, v の関係は，

$$\alpha^2 - u^2 = R(\beta^2 - v^2) \tag{6}$$

という式で表現されます．この関係式をランチェスターの 2 次法則といいます．前回において導いたランチェスターの 1 次法

則は

$$\alpha - u = R(\beta - v) \tag{7}$$

となります.

(6), (7)式を比べると，ランチェスターの2次法則は，1次法則に比べて性能比 R(力量比)の効果が少ないことがわかります．

そこで，この理由を検討します．(6)式において，$u=v=0$として，Rの値を求めると，

$$R = \left(\frac{\alpha}{\beta}\right)^2$$

となります．これより，性能比 R は人数比の2乗でないと対抗できないことがわかります．本問では人数比は2倍なので，性能比 $R=4$ で引き分けになります．すなわち，ランチェスターの2次法則においては，性能比(R)の効果も1次法則のときより大きいが，それ以上に，人数比の効果が大きく影響することがわかります．したがって，クープマンの3対1の法則は，集団の戦い(ランチェスターの2次法則)において，性能比 R が9以上にならないことを経験的に示しているといえます

次に，ランチェスターの法則の発展について考えます．第2次甲乙合戦から3年後，第3次甲乙合戦が起こりました．甲軍団は2000人，乙軍団は1000人です．ところが，鉄砲の性能が向上し，甲軍団と乙軍団の性能比は $R=1$ となりました．したがって，ランチェスターの2次法則より，乙軍の敗北は目に見えています．すなわち，

$$\alpha^2 - u^2 = \beta^2 - v^2 \tag{8}$$

が成り立ちます.甲乙軍団の最初の武士の数は

$$\alpha = 2000, \ \beta = 1000$$

ですから,(8)式は $u = \sqrt{2000^2 - 1000^2 + v^2} = \sqrt{3000000 + v^2}$ となり,$v=0$ のとき(乙軍が全滅したとき),甲軍は $u=1732$ 人残ることになります.したがって,普通の戦いになれば,甲軍団の勝利は火を見るより明らかです.

そこで乙氏は,甲軍団に勝つためには,どのような作戦を立てればよいか考えました.どのようにすれば,乙軍団が勝てるでしょうか?

その答えは,分断と集中作戦です.織田信長が今川義元を討った桶狭間の合戦の作戦と同じように,甲軍団を分断すればよいのです.すなわち,図42に示すように,甲軍団をうまく4つの軍団に分断できたものとします.ここで,乙軍団は,全兵力で甲(I)部隊を攻撃します.すると,500対1000の集団戦が始まり,

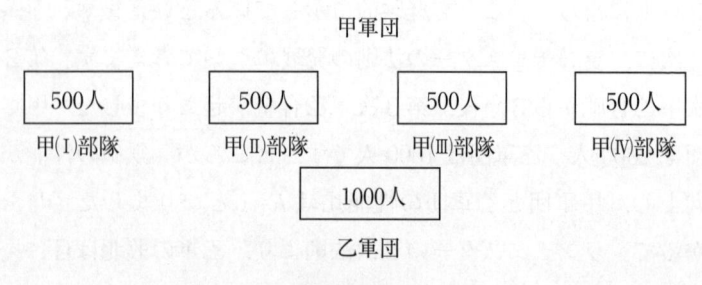

図42 甲軍団の分断 その1

$$500^2 - u^2 = 1000^2 - v^2$$

となります.したがって,

$$\begin{aligned} u &= \sqrt{1000^2 - 500^2 + u^2} \\ &= \sqrt{750000 + u^2} \end{aligned}$$

となり,$u=0$ のとき(甲(I)部隊が全滅したとき),乙軍の兵力は,

$$v = 866 人$$

残ることになります.

次に乙軍は,866 人の全兵力で甲(II)部隊を攻撃します.すると,500 対 866 の集団戦が始まり,

$$500^2 - u^2 = 866^2 - v^2$$

となります.したがって,

$$\begin{aligned} v &= \sqrt{866^2 - 500^2 + u^2} \\ &= \sqrt{500000 + u^2} \end{aligned}$$

となり,$u=0$ のとき(甲(II)部隊が全滅したとき),乙軍は,

$$v = 707 人$$

残ることになります.

次に乙軍は,707 人の全兵力で,甲(III)部隊を攻撃します.すると,500 対 707 の集団戦が始まり,

第3章 戦略

$$500^2 - u^2 = 707^2 - v^2$$

となります．したがって

$$\begin{aligned}u &= \sqrt{707^2 - 500^2 + u^2} \\ &= \sqrt{250000 + u^2}\end{aligned}$$

となり，$u=0$ のとき（甲(Ⅲ)部隊が全滅したとき），乙軍は，

$v=500$人

残ることになります．

最後に乙軍は，500人の全兵力で甲(Ⅳ)部隊を攻撃します．しかし，この場合500対500の集団戦になり，両軍共倒れになります．そこで，甲(Ⅳ)部隊を2つに分断し，まず甲(Ⅳ-Ⅰ)部隊を残りの全兵力で攻撃します（図43）．

すると，250対500の集団戦が始まり，

$$250^2 - u^2 = 500^2 - v^2$$

となります．したがって，同様にして，甲(Ⅳ-Ⅰ)部隊が全滅

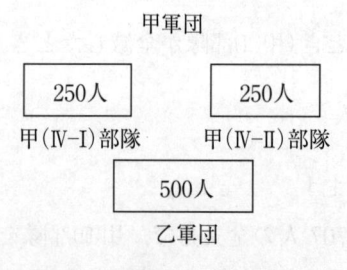

図43 甲軍団の分断 その2

したとき，($u=0$のとき），乙軍は，$v=433$人残ることになります．

最後に，乙軍は，433人の全兵力で，甲(Ⅳ-Ⅱ)部隊を攻撃します．すると，250対433の集団戦が始まり，

$$250^2 - u^2 = 433^2 - v^2$$

となります．したがって，同様にして甲(Ⅳ-Ⅱ)部隊が全滅したとき($u=0$のとき），乙軍は$v=354$人残ることになります．

以上，ランチェスターの2次法則をくつがえすためには，敵軍の分断作戦が有効であることがわかります．

さて，前回ではランチェスターの1次法則（1対1の戦い）を説明し，今回ではランチェスターの2次法則（集団戦）を説明しました．ところが，実際の戦いでは，1次法則と2次法則の中間にある場合が多いと思われます．そのときは，次の式で表現されます．

$$\alpha^x - u^x = R(\beta^x - v^x) \quad (ただし，1<x<2とする) \quad (9)$$

そこで，ある例を示し，xの値を求めることを試みます．このとき，計算を簡略化するため，$R=1$とします．さて，甲乙両軍が，1対1の戦いと集団戦を組み合わせて戦いに入ります．このとき，最初の武士の数は，甲軍$\alpha=1000$人，乙軍$\beta=2000$人とする．そして，戦いが終わり，甲軍は全滅し($u=0$)，そのとき乙軍は，1300人残ります($v=1300$)．この戦いにおけるxはいくらでしょうか？

ここで，これらの値を(9)式に代入すると，次のようになります．

$$1000^2 - 0^x = 2000^x - 1300^x \tag{10}$$

この(10)式が成立する x を求めると，$x = 1.25$ となります．この例のように，実際の戦争はランチェスターの1次法則と2次法則の中間にある場合がほとんどです．

> **🔑 解答**
>
> このような問題を解決するのに最も適したツールが，ランチェスターの2次法則である．本問から，もし集団の人数が1:3なら，個々の性能が9:1でないと対抗できないことがわかる．クープマンの法則を発展させれば，9対1の法則が生まれるといえる．

宮本さんはランチェスターの2次法則を阿部さんに説明しました．「なるほど，集団と集団だと，数の違いがかなり厳しくなってしまうのね．でも，有名な戦国武将は，数の不利をひっくり返して勝利をもぎ取る．かっこいいわねえ」と，うっとりしています．また一人，熱心な戦国武将ファンが誕生したようです．

問題 30　戦争と平和

　エルトニオ国がクロサル国の首都にミサイルを撃ち込もうとして，一触即発の危機を迎えた際の話です．時のエルトニオ国大統領は，クロサル国首相に次のような親書をしたためました．

　「貴国の今回の暴挙はまことに卑劣な，全人類に対する裏切り行為である．エルトニオ国は，このような悪行に対していつでも反撃する用意がある」

　これに対してクロサル国首相は，エルトニオ国大統領に対して，同様の内容の親書を送り返しました．

　両国とも一歩も譲らず，両国の参謀本部は，両国の利得を冷静に判断しました．その結果，次のように整理できました（表17）．

　① 両国とも攻撃すれば，両国とも経済・治安は混乱する．
　② 両国とも攻撃しなければ，両国とも生活が質素になる．
　③ 一方の国が攻撃しないのに，他方の国が攻撃した場合，攻撃しなかった国は滅亡するが，攻撃した国は安泰となる．

　さて，両元首は，どのような戦略をとるでしょうか？　なお，当然のことながら，これら当事国は，相手国がどのようなアク

表17 囚人のジレンマ

		クロサル国	
		攻撃しない	攻撃する
エルトニオ国	攻撃しない	生活質素 / 生活質素	国安泰 / 国滅亡
	攻撃する	国滅亡 / 国安泰	経済・治安混乱 / 経済・治安混乱

ションをとるか知ることができないものとします．そして，国にとって好ましい状況は，国安泰 > 生活質素 > 経済・治安混乱 > 国滅亡の順とします．

- 問題

  エルトニオ，クロサル両国は一触即発の状態であり，一歩も譲ろうとしない．戦争を避け，平和を勝ち取るにはどのような方略があるだろうか？

これは，ゲーム理論における「ミニ・マックスの原理」を逆用したものです．2つの国が戦争していたり，会社と会社が企業競争している場合，双方がとる戦術には，いくつかの選択の余地があることが多いです．そんなとき，双方とも自分が受けるであろう損害が最小になるような方法を選ぶ，という理論で

す.

　ところが，この理論を今回の例にあてはめてみたらどうでしょうか？　そこが本問のミソです．はたして，両国の元首は，どのようにふるまえばよい結果が得られるでしょうか．

　この状況に置かれた両人は，次のように悩むでしょう．

① 相手がもし攻撃するとすれば，自分も攻撃しなければならない．なぜなら，この場合，経済・治安の混乱ですむが，相手が攻撃しているのに自分は攻撃しなければ，国の滅亡という事態になってしまう．

② もし相手が攻撃しないとする．すると，自分は攻撃すれば，国は安泰となり救われる．

③ だから，どっちにころんでも，自分は相手を攻撃すればよい．ところが，もし相手も自分と同じことを考えて攻撃すれば，いやでも，経済・治安の混乱になる．国の滅亡よりはましだが，国の打撃は大きい．

④ もし，相手もこちらの考え方を察知してくれれば，両方で攻撃を中止し，両国が質素な生活ですむ．これくらいなら，過去の両国の歴史から見て，まあまあよい結果ではないか．

　ここに，両氏の悩みがあります．つまり，自分だけ「いい国」になればよいという考えで行動すれば，両国とも攻撃を始めて，経済・治安の混乱という打撃を受けますが，自国が滅亡しても相手国が安泰であればよい，と思う利他主義に徹して攻撃しなければ，両国とも生活の質素ですみ，両国の国民とも幸せとなります．

こうしてみると，ミニ・マックスの原理が，このような例の場合では裏目に出ることもあります．この例は，有名な「囚人のジレンマ」と呼ばれるジレンマゲームですが，ジレンマゲームは「囚人のジレンマ」以外にも3種類あり，計4種類です．そこで，これら他の3種類のジレンマゲームを「エルトニオ，クロサル両国の戦争」の例を題材にして説明します．

(1) Jジレンマゲーム

Jジレンマゲームにおいては，エルトニオ，クロサル両国の利得は，次のように整理できます．

① 両国とも攻撃すれば，両国とも滅亡する．

② 両国とも攻撃しなければ，両国とも生活が質素になる．

③ 片方の国のみ攻撃した場合，攻撃しなかった国は経済・治安が混乱するが，攻撃した方は国が安泰となる．

さて，エルトニオ，クロサル両国の元首は，どのような戦略を立てるでしょうか？　この状況に置かれた両人は，次のように悩むでしょう．

① 相手がもし攻撃するとすれば，自分は攻撃を避けなければならない．なぜなら，この場合，経済・治安の混乱ですむが，相手が攻撃しているのに自分も攻撃すれば，国の滅亡という事態になってしまう．

② もし，相手が攻撃しないとする．すると，自分は攻撃すれば，国は安泰となり救われる．

③ したがって，相手が攻撃する場合と攻撃しない場合に

おいて，戦略が異なってくる．

④ しかし，相手が攻撃しようがしまいが，自分は攻撃しなければ「経済・治安混乱」という最低基準は確保される．すなわち，国滅亡は回避できる．したがって，相手もこの考えを察知すれば，双方とも攻撃しなくて，「生活質素」が約束される．

⑤ このとき，もし片方が裏切った場合，裏切った方が国安泰となる．しかし，双方とも裏切った場合，両国とも国滅亡となる．

ここに，両国のジレンマが発生します．それゆえ，このゲームはJゲーム（弱者（Jakusha）ゲーム）と呼ばれます（表18）．

表18　Jジレンマ

		クロサル国	
		攻撃しない	攻撃する
エルトニオ国	攻撃しない	生活質素 / 生活質素	経済・治安混乱 / 国安泰
	攻撃する	経済・治安混乱 / 国安泰	国滅亡 / 国滅亡

(2) Lジレンマゲーム

Lジレンマゲームにおいては，エルトニオ，クロサル両国の利得は，次のように整理できます．

① 両国とも攻撃すれば，両国とも滅亡する．

② 両国とも攻撃しなければ，両国とも経済・治安混乱となる．

③ 片方の国のみ攻撃した場合，攻撃しなかった国は生活質素となるが，攻撃した方は国安泰となる．

さて，エルトニオ，クロサル両国の元首は，どのような戦略を立てるでしょうか？　この状況に置かれた両人は，次のように悩むでしょう．

① 相手がもし攻撃するならば，自分は攻撃を避けなければならない．なぜなら，この場合，生活質素ですむが，相手が攻撃しているのに自分も攻撃すれば，国の滅亡という事態になってしまう．

② もし，相手が攻撃しないとする．すると，自分は攻撃すれば，国は安泰となり救われる．

③ したがって，相手が攻撃する場合と攻撃しない場合において，戦略が異なってくる．

④ しかし，相手が攻撃しようがしまいが，自分は攻撃しなければ，「経済・治安混乱」という最低水準は保障される．すなわち，国滅亡は回避できる．したがって，相手もこの考えを察知すれば，双方とも攻撃しなくて，「経済・治安混乱」が約束される．

問題 30 戦争と平和

表19 Lジレンマ

		クロサル国	
		攻撃しない	攻撃する
エルトニオ国	攻撃しない	経済・治安混乱 / 経済・治安混乱	国安泰 / 生活質素
	攻撃する	生活質素 / 国安泰	国滅亡 / 国滅亡

　ここで表19をよく見ると，このゲームにおいては，双方の戦略が異なった場合，同じ戦略の場合より，すべてよい状態が保障されます．しかも攻撃をした国(主)が攻撃をしない国(従)より1レベルよい状態となります．したがって，Leader の国が攻撃すれば他方の国は，攻撃しなければよいことになります．それゆえ，このゲームはLゲーム(リーダー(Leader)ゲーム)と呼ばれます．

(3) Wジレンマゲーム

　Wジレンマゲームにおいては，エルトニオ，クロサル両国の利得は次のように整理できます．
　① 両国とも攻撃すれば，両国とも滅亡する．
　② 両国とも攻撃しなければ，両国とも経済・治安混乱となる．

①，②は，Ｌジレンマゲームと同じです．

③　片方の国のみ攻撃した場合，攻撃しなかった国は国安泰となるが，攻撃した方は生活質素となる．

さて，エルトニオ，クロサル両国の元首は，どのような戦略を立てるでしょうか？　この状況に置かれた両人は，次のように悩むでしょう．

①　相手がもし攻撃するとすれば，自分は攻撃を避けなければならない．なぜなら，この場合，国安泰となるが，相手が攻撃しているのに自分も攻撃すれば，国の滅亡という事態になってしまう．

②　もし，相手が攻撃しないとする．すると，自分は攻撃すれば，国は生活質素となり，一応安定する．

③　したがって，相手が攻撃する場合と攻撃しない場合において，戦略が異なってくる．

④　しかし，相手が攻撃しようがしまいが，自分が攻撃しなければ，「経済・治安混乱」という最低基準は保障される．すなわち，国滅亡は回避できる．したがって，相手もこの考えを察知すれば，双方とも攻撃しなくて，「経済・治安混乱」が約束される．

ところで，表20をよく見ると，このゲームにおいては，双方の戦略が異なった場合，同じ戦略の場合より，すべてよい状態が保証されます．しかも攻撃をした国（主人）より攻撃をしない国（奥さん）の方が１レベルよい状態となります．したがって，主人の国が攻撃すれば，奥さんの国は，攻撃しなければ，最高の状態が約束されることになります．それゆえ，このゲー

問題 30 戦争と平和

表20 Wジレンマ

	クロサル国	
	攻撃しない	攻撃する
エルトニオ国 攻撃しない	経済・治安混乱 / 経済・治安混乱	生活質素 / 国安泰
エルトニオ国 攻撃する	国安泰 / 生活質素	国滅亡 / 国滅亡

ムはWジレンマゲーム（ワイフ（Wife）ゲーム）と呼ばれます．

――🔑解答――

　このような問題を解決するのに最も適したツールが，ゲーム理論である．本問のような状況では，その中でも囚人のジレンマという考え方が有効である．この考え方の特徴は，「自己の利益を最大にする」というパラダイムを「相手の利益を最大にする」というパラダイムに変換するところにある．

　両元首は，どういう指示を出そうか迷っていました．「ゲーム理論にのっとって考えれば，最悪を避けるために攻撃してこないはずだ．いや，しかし……」．結局，2つの国はどうなったのでしょうか．結末は，読者の皆様にゆだねたいと思います．

問題31　百貨店の売上

　ある街では，北武，南武，中央の3電鉄のターミナルが隣接し，それぞれの百貨店がそのそばにあります．都立大学の商学部に通う中村くんは，3つの百貨店とそれぞれのターミナルからの集客率を調べることになりました．北武，南武，中央の3電鉄のターミナルにいる人が，隣接する3百貨店に出向く割合はどれくらいで，それを調べるにはどうすればよいでしょうか．

> **問題**
> 　北武，南武，中央の3電鉄のターミナルにいる人が，隣接する3百貨店に出向く割合はそれぞれどれくらいだろうか．また，どうすればそれらの割合を推計できるだろうか．

　本問のような問題を小売商圏問題といいますが，従来までの研究により，小売商圏問題へのアプローチは4つに分類することができます．

(1) 類推法

　既存の小売店について分析した結果を用いて，新しい店舗の商圏を分析しようと試みるものです．

(2) 小売引力モデル

小売商圏研究といえば小売引力モデルというほど,重要なテーマで,本問で取りあげます.

(3) 傾向面分析

さまざまなメッシュ・データをもとに多変量解析を行い,分析するもので,新しい研究の展開が期待されています.

(4) シミュレーション

コンピュータの発達に伴い,小売商圏の動向をシミュレーションにより分析するものです.

本問では,(2)の小売引力モデルのなかのハフモデルという手法について説明します.さて,ある地域 i に住んでいる消費者が,ある地域 j にある小売店舗集団に行く確率を吸引率 P_{ij} とします.この吸引率は,その地域 j の小売店舗の魅力度や,消費者が地域 i から地域 j に到達するまでの所要時間などによって決定されます.したがって,売場面積の変化による小売店舗の魅力度の変化,交通施設などの変化による所要時間の変化に対応できる推計モデルが必要となります.

そこでハフは,次のような数式のモデルを作り,吸引率を推計しようと試みました.

$$P_{ij} = \frac{\dfrac{S_i}{T_{ij}^{\lambda}}}{\sum_{j=1}^{n} \dfrac{S_j}{T_{ij}^{\lambda}}} \tag{1}$$

ここで，上の式の記号をそれぞれ次のように定義します．

P_{ij}：地域 i に住んでいる消費者が，地域 j にある小売店舗集団に行く確率．吸引率．

S_j：地域 j にある小売店舗の魅力度．ここでは売場面積．

T_{ij}：地域 i から地域 j にある小売店舗集団へ行くのに要する所要時間．

λ：パラメータ（買物の種類によって異なった値をとり，買物行動の特性を表す）．一般的には，このパラメータの値が大きくなるほど買物行動の範囲は狭くなる．

さらに，地域 j の小売店舗集団において，地域 i に住んでいる消費者が買い回る期待値 E_{ij} は，次のようになります．

$$E_{ij} = P_{ij} C_i \quad (C_i は地域 i に住んでいる消費者の数を表している)$$

以上のように，ハフモデルにおいては，吸引率 P_{ij} は地域 i にある小売店舗の魅力度に比例し，地域 i から地域 j にある小売店舗集団へ行くのに要する所要時間の乗に反比例するものと仮定してます．さらに，地域 j にある小売店舗の魅力度としては，普通，地域 j にある小売店舗の売場面積をとっているようです．

さて，ハフモデルにおける式を用いて，本問を読み換えると，以下のようになります．

「ある街では，北武，南武，中央の3電鉄のターミナルが隣接し，それぞれの百貨店がそのそばにある．さて，北武，南武，中央3電鉄のターミナルにいる人が，隣接する3百貨店に出向く確率（吸引率）P_{ij} をハフモデルを使って計算せよ．」

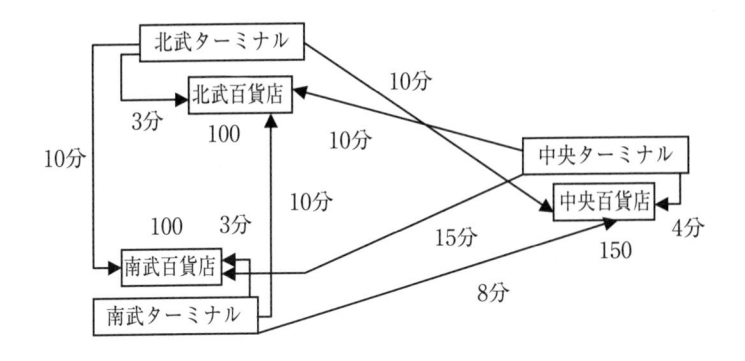

図44 所要時間

 ただし,3百貨店の売場面積は,北武,南武,中央それぞれ100,100,150とし,各ターミナルから3百貨店への所要時間は,図44に示したとおりです.
 また,北武をA,南武をB,中央をCとします.なお,ハフモデルにおけるパラメータは$\lambda=2$とします.
 ある地点にいる客がある百貨店に出向く確率は,ハフモデルの考えから,各百貨店の有効売場面積に比例し,百貨店までの所要時間に反比例すると考えるのが一般的です.したがって,ハフモデルの式は次のようになります.

$$P_{ij}=\frac{\dfrac{S_j}{T_{ij}^2}}{\sum_{j=1}^{n}\dfrac{S_j}{T_{ij}^2}}$$

 そこで,まず北武ターミナルにいるお客さんがどの百貨店に出向くかを確率的に求めます.ここで,吸引率P_{ij}におけるiはお客さんのいるターミナルの記号で,jは出向いていく百貨

店の記号とします．まず，

$$P_{AA} = \frac{\dfrac{S_A}{T_{AA}^2}}{\dfrac{S_A}{T_{AA}^2} + \dfrac{S_B}{T_{AB}^2} + \dfrac{S_C}{T_{AC}^2}} = \frac{\dfrac{100}{3^2}}{\dfrac{100}{3^2} + \dfrac{100}{10^2} + \dfrac{150}{10^2}} \fallingdotseq 0.82$$

となります．また，同様にして，

$$P_{AB} \fallingdotseq 0.07, \quad P_{AC} \fallingdotseq 0.11$$

となります．したがって，北武ターミナルにいるお客さんのうち，82%が北武百貨店へ，7%が南武百貨店へ，そして，残りの11%が中央百貨店へ出向くことになります．

次に，南武ターミナルにいるお客さんがどの百貨店へ出向いていくかを確率的に求めます．まず，

$$P_{BA} = \frac{\dfrac{S_A}{T_{BA}^2}}{\dfrac{S_A}{T_{BA}^2} + \dfrac{S_B}{T_{BB}^2} + \dfrac{S_C}{T_{BC}^2}} = \frac{\dfrac{100}{10^2}}{\dfrac{100}{10^2} + \dfrac{100}{3^2} + \dfrac{150}{8^2}} \fallingdotseq 0.07$$

となります．また，同様にして，

$$P_{BB} \fallingdotseq 0.77, \quad P_{BC} \fallingdotseq 0.16$$

となります．したがって，南武ターミナルにいるお客さんのうち，7%が北武百貨店へ，77%が南武百貨店へ，16%が中央百貨店へ出向くことになります．

最後に，中央ターミナルにいるお客さんがどの百貨店へ出向いていくかを確率的に求めます．まず，

$$P_{CA} = \frac{\dfrac{S_A}{T_{CA}^2}}{\dfrac{S_A}{T_{CA}^2} + \dfrac{S_B}{T_{CB}^2} + \dfrac{S_C}{T_{CC}^2}} = \frac{\dfrac{100}{10^2}}{\dfrac{100}{10^2} + \dfrac{100}{15^2} + \dfrac{150}{4}} \fallingdotseq 0.09$$

となります.また,同様にして,

$$P_{CB} \fallingdotseq 0.04, \quad P_{CC} \fallingdotseq 0.87$$

となります.したがって,中央ターミナルにいるお客さんのうち,9％が北武百貨店へ,4％が南武百貨店へ,87％が中央百貨店へ出向くことになります.

> **解答**
>
> このような問題を解決するのに最も適したツールが,ハフモデルである.本問では,北武ターミナルにいるお客さんが北武,南武,中央百貨店に行く確率は,それぞれ82％,7％,11％であった.同様に,南武ターミナルのお客さんはそれぞれ7％,77％,16％であり,中央ターミナルにいるお客さんはそれぞれ9％,4％,87％であった.

中村くんの調査と分析の結果,それぞれの確率がわかりました.さて,帰りに買い物でも,と考えた中村くんは,どの百貨店に行こうか,と迷ってしまいました.そこで,調査結果にもとづいて,一番確率が高い百貨店に行くことにしました.

問題 32　総選挙の行く末

　日本での次の総選挙に向けて，近年急速に支持率を伸ばしている民自党が注目を浴びています．それは，民自党の勢力が総選挙後どのくらいになっているかで，政権を担う勢力が異なってくるからです．高校生の菅原くんは，ある授業の課題でこの民自党の総合評価を行うことになりました．しかし，どう評価し，まとめればよいかわかりません．そこで，早慶大学の政治経済学部に通うお兄さんに相談したところ，次のように教えてもらいました．「まず，評価項目として(I)イメージ，(II)政治改革，(III)政策，(IV)国際性，(V)政権担当能力をとる．次に，これら5つの評価項目に対する民自党の評価を10点法でアンケートをとる．ここまでまずはやってみて．」

　ここで，この評価は「好ましさ」の尺度であり，10点は最高に好ましく，0点はまったく好ましくないことを表しています．その結果は，表21に示すようになりました．これらデータをもとにして，民自党の総合評価を行うには，どのようにすればよいでしょうか．

問題32 総選挙の行く末

表21 民自党の評点

政党の総合評価を構成している各要素	評 点
(I)　政党のイメージ	10点
(II)　政治改革への姿勢	7点
(III)　政　策	4点
(IV)　国際性(国際感覚)	8点
(V)　政権担当能力	2点

> **問題**
>
> 次の総選挙に向けて，民自党を評価するための要素の評点を得た．このデータから総合評価値を得るには，どのような手法があるだろうか．

(1) 単純平均

最も簡単な総合評価は，各評価項目における評点の単純平均です．本問の場合，評価項目は5つあり，各評価項目ごとの評価ベクトルは $h(j)$ $(j=1, \cdots, 5)$ です．この場合，総合評価値 E_1 は，

$$E_1 = \sum_{j=1}^{5} \frac{h(j)}{5} = \frac{10+7+4+8+2}{5} = 6.2$$

となります．この方法による総合評価値(6.2点)は，図45に示した図形の面積であることがわかります．しかし，実際には，各評価項目のウエイトは均一ではなく，寄与率の大きい評価項目と小さい評価項目があります．そこで次の総合評価は，それらを考慮した手法で行います．

図45 単純平均

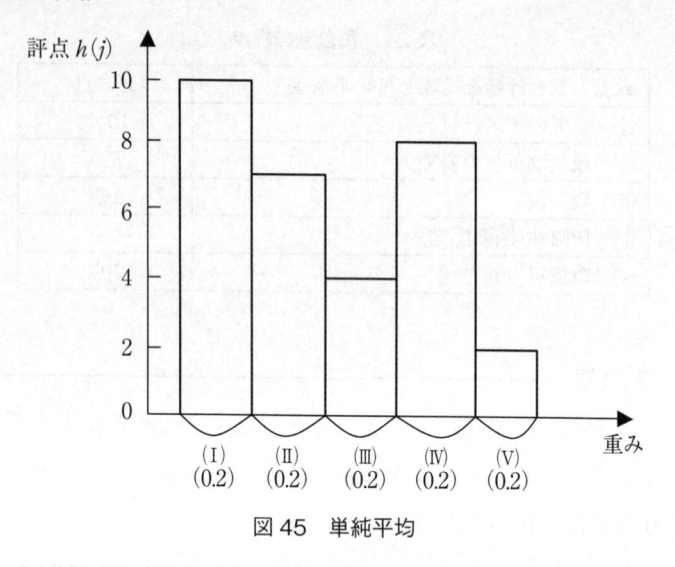

(2) 加重平均

この方法は，各評価項目ごとの評価値に，その評価項目の寄与率の重みを掛けて，加重平均します．各評価項目の評点を $h(j)$ $(j=1, \cdots, 5)$，各評価項目の寄与率の重みを $g(j)$ $(j=1, \cdots, 5)$ とすると，総合評価値 E_2 は，

$$E_2 = \sum_{j=1}^{5} h(j) \cdot g(j)$$

となります．ただし，上記の $g(j)$ は一対比較法により求めます．そこで，各評価項目間の一対比較を行います．結果は，表22に示したとおりです．この一対比較を行列と見なし，固有ベクトルを求めると，以下のように重みが計算されることがわかっています(参考：木下栄蔵：『入門 AHP』，日科技連出版社，

表22 一対比較

	I	II	III	IV	V
I	1	1	4	2	3
II	1	1	3	1	4
III	$\frac{1}{4}$	$\frac{1}{3}$	1	$\frac{1}{2}$	$\frac{1}{3}$
IV	$\frac{1}{2}$	1	2	1	2
V	$\frac{1}{3}$	$\frac{1}{4}$	3	$\frac{1}{2}$	1

2000年).

この結果,各評価項目の重み(W)は以下のようになります.

$$W^r = (0.319,\ 0.289,\ 0.075,\ 0.198,\ 0.119)$$

したがって,政党の総合評価に最も影響する評価項目は5つの項目のうち,(I)政党のイメージの項目であり,32%弱の影響力をもつことがわかりました.以下,(II)政治改革への姿勢の項目,(IV)国際性(国際感覚)の項目と続くことがわかります.すなわち,各評価項目の寄与率の重み$g(j)$は次のように定まります.

$$g(\text{I}) = 0.319,\ g(\text{II}) = 0.289,\ g(\text{III}) = 0.075$$
$$g(\text{IV}) = 0.198,\ g(\text{V}) = 0.119$$

これらの値によって総合評価値を求めると,

第3章 戦略

$$E_2 = 10 \times 0.319 + 7 \times 0.289 + 4 \times 0.075 + 8 \times 0.198 + 2 \times 0.119$$
$$= 7.335$$

となります.ただし,この場合 $g(j)$ と W は同一です.この方法による総合評価値(7.335点)は図46に示した図形の面積であることがわかります.

またこの手法は,「分析と総合」に関して,きわめて形式的な立場をとっています.すなわち,各評価項目の評価値を総計したものが全体の評価になり,全体の評価を分解すれば,各評価項目の評価値になります.ところが,実際には,各評価項目の総和をとったものが,必ずしも全体そのものにならないとい

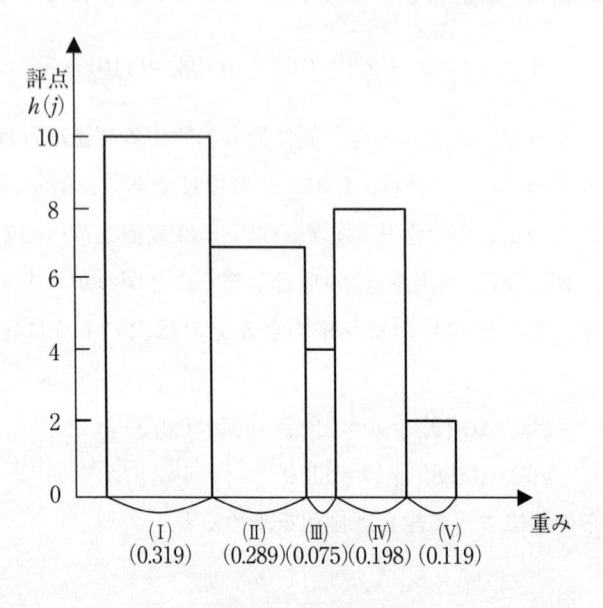

図46 加重平均

うことを経験することが多々あります.というのは,各評価項目同士の相乗効果や相殺効果などが起こるからです.つまり各評価項目は正しく評価されているのに,全体の総合評価は,各評価項目の評価項目を加重平均した値と一致しない場合があるということです.そこで,次節ではこの問題の総合評価値に関して,総合の仕方をうまく考慮した手法(ファジィ積分)で分析します.

(3) ファジィ測度の概念

前節において,加重平均による総合評価(一対比較による解析)の際,各評価項目の寄与率の重みを決定しました.例えば,評価項目(I)政党のイメージの重みは31.9%,評価項目(II)政治改革への姿勢の重みは28.9%でした.ところが,これら2つの評価項目を一緒にした寄与率の重みは,31.9＋28.9＝60.8%ではなく,もっと大きいと見る場合(相乗効果)やもっと小さいと見る場合(相殺効果)があります.そこで,政党の総合評価を行うためには,各評価項目のあらゆる組合せに対する寄与率の重み(これをファジィ測度という)を決めなければなりません.

ところで,本問における各評価項目を(I)〜(V)まで考えました.そして,これらの評価項目それぞれ単独の寄与率を一対比較により求めました.次に,これら5つの評価項目のなかから任意の2組,3組,4組,全部を合わせたものに対する寄与率を与えなければなりません.実際の評価項目の組合せは,以下に示す2^5個です.

　　評価項目が1つもない集合：1個

評価項目が1つだけの集合：(Ⅰ), (Ⅱ), (Ⅲ), (Ⅳ), (Ⅴ)：5個
評価項目が2つの集合：(Ⅰ+Ⅱ), (Ⅰ+Ⅲ), (Ⅰ+Ⅳ), (Ⅰ+Ⅴ),
(Ⅱ+Ⅲ), (Ⅱ+Ⅳ), (Ⅱ+Ⅴ), (Ⅲ+Ⅳ),
(Ⅲ+Ⅴ), (Ⅳ+Ⅴ)：10個
評価項目が3つの集合：集合の内容は省略；$_5C_3$＝10個
評価項目が4つの集合：集合の内容は省略；$_5C_4$＝5個
5つの評価項目全部の集合：1個

以上，組合せは2^5＝32個となります．一般的に，評価項目がn個の場合，その部分集合は2^n個あり，この数字の寄与率を与えなければなりません．しかし，実際の計算のために，各評価項目の評点$h(j)$ $(j=1,\cdots,5)$を，大きい順に並べておけば，個々の寄与率を与えればよいことが証明されています．その個々の寄与率をファジィ測度といいます．本問の場合，

$$h(Ⅰ) > h(Ⅳ) > h(Ⅱ) > h(Ⅲ) > h(Ⅴ)$$

となります（表21参照）．したがって，次の5つのファジィ測度が必要となります．

$g(Ⅰ)$, $g(Ⅰ+Ⅳ)$, $g(Ⅰ+Ⅳ+Ⅱ)$, $g(Ⅰ+Ⅳ+Ⅱ+Ⅲ)$,
$g(Ⅰ+Ⅳ+Ⅱ+Ⅲ+Ⅴ)$

(4) ファジィ測度の決定

さて，特に評価項目Xに対する測度を，ファジィ密度（一対比較により求めた寄与率）と呼びます．そして，このファジィ測度から他のファジィ測度を計算する生成規則として，ここでは次の式を採用します．

$$g(x_1 \cup x_2) = g(x_1) + g(x_2) + \lambda \cdot P_{\mathrm{I,II}} \cdot g(x_1) \cdot g(x_2)$$

ただし，$0 \leq \lambda \leq 1.0$

$P_{\mathrm{I,II}}$：相乗・相殺効果の度合い（評価項目 x_1, x_2 による）

$P_{\mathrm{I,II}} > 0$ 　（相乗効果）

$P_{\mathrm{I,II}} < 0$ 　（相殺効果）

この方法では，相乗・相殺効果の度合い $P_{\mathrm{I,II}}$ がアンケート調査等により導出されることがわかります．ここでは，上の式より，各々のファジィ測度は以下に示すようになったとします（λ, P_{ij} の具体的な値は省略）．

$$\begin{aligned}
g(\mathrm{I}) &= 0.319,\ g(\mathrm{I+IV}) \\
&= g(\mathrm{I}) + g(\mathrm{IV}) + \lambda \cdot P_{\mathrm{I,II}} \cdot g(\mathrm{I}) \cdot g(\mathrm{IV}) \\
&= 0.530,\ g(\mathrm{I+IV+II}) \\
&= g(\mathrm{I+IV}) + g(\mathrm{II}) \\
&\quad + \lambda(P_{\mathrm{I,II}} \cdot g(\mathrm{I}) \cdot g(\mathrm{II}) + P_{\mathrm{I,II}} \cdot g(\mathrm{IV}) \cdot g(\mathrm{II})) \\
&= 0.825,\ g(\mathrm{I+IV+II+III}) \\
&= g(\mathrm{I+IV+II}) + g(\mathrm{III}) + \lambda(P_{\mathrm{I,II}} \cdot g(\mathrm{I}) \cdot g(\mathrm{III}) \\
&\quad + \lambda \cdot P_{\mathrm{I,II}} \cdot g(\mathrm{II}) \cdot g(\mathrm{III})) \\
&= 0.925,\ g(\mathrm{I+IV+II+III+V}) \\
&= 1.0
\end{aligned}$$

(5) ファジィ積分による総合評価

次に，評価項目(I)から(V)の評点のなかで，最低点は評価項目(V)の2点です．そこで，この2点に的を絞ると，他の評価項目の評点は，すべて2点よりも高い点になります．つまり，0〜

2点の間には，すべての評価項目が含まれています．そこでこの間の評点は，2点に（Ⅰ＋Ⅳ＋Ⅱ＋Ⅲ＋Ⅴ）のファジィ測度1.0を掛けた値になります．結局，

$$E(1) = 2 \times g(Ⅰ + Ⅳ + Ⅱ + Ⅲ + Ⅴ) = 2 \times 1.0 = 2.0$$

と表現できます．

次に低い評点は評価項目(Ⅲ)の4点です．つまり，2点以上4点までには，評価項目（Ⅰ＋Ⅳ＋Ⅱ＋Ⅲ）が含まれています．そこで，この間の評点 $E(2)$ は，

$$E(2) = (4-2) \times g(Ⅰ + Ⅳ + Ⅱ + Ⅲ) = 2 \times 0.925 = 1.85$$

となります．同様にして，4点以上7点までの部分評点 $E(3)$ は，

$$E(3) = (7-4) \times g(Ⅰ + Ⅳ + Ⅱ) = 3 \times 0.825 = 2.475$$

となります．以下，7点以上8点まで，8点以上10点までのそれぞれの部分評点，$E(4)$，$E(5)$ は，

$$E(4) = (8-7) \times g(Ⅰ + Ⅳ) = 1 \times 0.530 = 0.530$$
$$E(5) = (10-8) \times g(Ⅰ) = 2 \times 0.319 = 0.638$$

となります．この結果，このような評価演算による民自党の総合評価値 E_3 は，

$$E_3 = E(1) + E(2) + E(3) + E(4) + E(5) = 7.493$$

となります．また，このような評価演算をファジィ積分と呼んでいます．

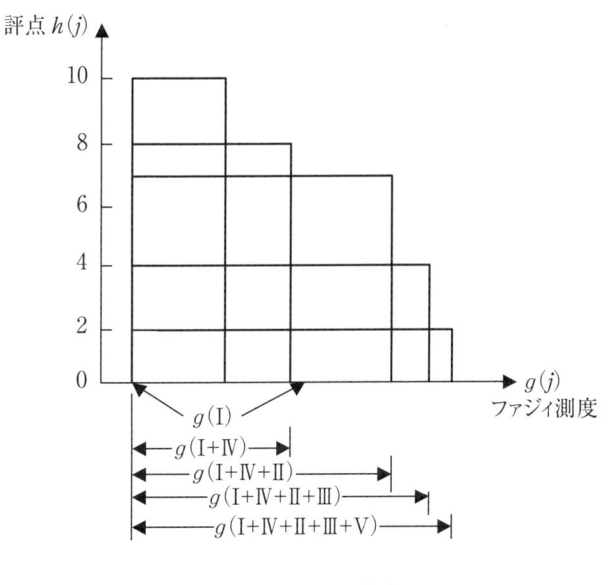

図47 ファジィ積分

したがって，ファジィ積分による総合評価値(7.493点)は，図47に示した図形の面積であることがわかります．そして，この図は，ファジィ積分の計算過程を示しています．

🔑解答

このような問題を解決するのに最も適したツールが，ファジィ積分である．他にも単純平均や加重平均が考えられるが，政党の総合評価を求める，といった複雑な要素が入り組んでいる場合，ファジィ測度という考え方を有するファジィ積分が最適と考えられる．

お兄さんのアドバイスを受け，菅原くんは民自党の総合評価

を行い,「そうか,こんな党だったんだ」と分析することができきました．今回は日本の政党だったけれど,次はアメリカの政党を調べてみようか．どんどん興味が膨らむ菅原くんでした．

付　表

付表1　正規分布表（標準）

$N(0,1)$

$$F(x)=\int_0^x f(x)\ dx=\frac{1}{\sqrt{2\pi}}\int_0^x e^{-\frac{x^2}{2}}dx$$

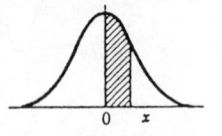

x	.00	.01	.02	.03	.04	.05	.06	.07	.08	.09
0.0	.0000	.0040	.0080	.0120	.0160	.0199	.0239	.0279	.0319	.0359
0.1	.0398	.0438	.0478	.0517	.0557	.0596	.0636	.0675	.0714	.0753
0.2	.0793	.0832	.0871	.0910	.0948	.0987	.1026	.1064	.1103	.1141
0.3	.1179	.1217	.1255	.1293	.1331	.1368	.1406	.1443	.1480	.1517
0.4	.1554	.1591	.1628	.1664	.1700	.1736	.1772	.1808	.1844	.1879
0.5	.1915	.1950	.1985	.2019	.2054	.2088	.2123	.2157	.2190	.2224
0.6	.2257	.2291	.2324	.2357	.2389	.2422	.2454	.2486	.2517	.2549
0.7	.2580	.2611	.2642	.2673	.2704	.2734	.2764	.2794	.2823	.2852
0.8	.2881	.2910	.2939	.2967	.2995	.3023	.3051	.3078	.3106	.3133
0.9	.3159	.3186	.3212	.3238	.3264	.3289	.3315	.3340	.3365	.3389
1.0	.3413	.3438	.3461	.3485	.3508	.3531	.3554	.3577	.3599	.3621
1.1	.3643	.3665	.3686	.3708	.3729	.3749	.3770	.3790	.3810	.3830
1.2	.3849	.3869	.3888	.3907	.3925	.3944	.3962	.3980	.3997	.4015
1.3	.4032	.4049	.4066	.4082	.4099	.4115	.4131	.4147	.4162	.4177
1.4	.4192	.4207	.4222	.4236	.4251	.4265	.4279	.4292	.4306	.4319
1.5	.4332	.4345	.4357	.4370	.4382	.4394	.4406	.4418	.4429	.4441
1.6	.4452	.4463	.4474	.4484	.4495	.4505	.4515	.4525	.4535	.4545
1.7	.4554	.4564	.4573	.4582	.4591	.4599	.4608	.4616	.4625	.4633
1.8	.4641	.4649	.4656	.4664	.4671	.4678	.4686	.4693	.4699	.4706
1.9	.4713	.4719	.4726	.4732	.4738	.4744	.4750	.4756	.4761	.4767
2.0	.4772	.4778	.4783	.4788	.4793	.4798	.4803	.4808	.4812	.4817
2.1	.4821	.4826	.4830	.4834	.4838	.4842	.4846	.4850	.4854	.4857
2.2	.4861	.4864	.4868	.4871	.4875	.4878	.4881	.4884	.4887	.4890
2.3	.4893	.4896	.4898	.4901	.4904	.4906	.4909	.4911	.4913	.4916
2.4	.4918	.4920	.4922	.4925	.4927	.4929	.4931	.4932	.4934	.4936
2.5	.4938	.4940	.4941	.4943	.4945	.4946	.4948	.4949	.4951	.4952
2.6	.49534	.49547	.49560	.49573	.49585	.49597	.49609	.49621	.49632	.49643
2.7	.49653	.49664	.49674	.49683	.49693	.49702	.49711	.49720	.49728	.49736
2.8	.49744	.49752	.49760	.49767	.49774	.49781	.49788	.49795	.49801	.49807
2.9	.49813	.49819	.49825	.49831	.49836	.49841	.49846	.49851	.49856	.49360
3.0	.49865	.49869	.49874	.49878	.49882	.49886	.49889	.49893	.49897	.49900

付表2 t 分布表

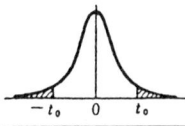

$P\{|t| \geq t_0\} \to t_0$

P \ n	0.50	0.25	0.10	0.05	0.025	0.02	0.01	0.005
1	1.000	2.414	6.314	12.706	25.452	31.821	63.657	127.32
2	0.816	1.604	2.920	4.303	6.205	6.965	9.925	14.089
3	0.765	1.423	2.353	3.182	4.177	4.541	5.841	7.453
4	0.741	1.344	2.132	2.776	3.495	3.474	4.604	5.598
5	0.727	1.301	2.015	2.571	3.163	3.365	4.032	4.773
6	0.718	1.273	1.943	2.447	2.969	3.143	3.707	4.317
7	0.711	1.254	1.895	2.365	2.841	2.998	3.499	4.029
8	0.706	1.240	1.860	2.306	2.752	2.896	3.355	3.833
9	0.703	1.230	1.833	2.262	2.685	2.821	3.250	3.690
10	0.700	1.221	1.812	2.228	2.634	2.764	3.169	3.581
11	0.697	1.215	1.796	2.201	2.593	2.718	3.106	3.497
12	0.695	1.209	1.782	2.179	2.560	2.681	3.055	3.428
13	0.694	1.204	1.771	2.160	2.533	2.650	3.012	3.373
14	0.692	1.200	1.761	2.145	2.510	2.624	2.977	3.326
15	0.691	1.197	1.753	2.131	2.490	2.602	2.947	3.286
16	0.690	1.194	1.746	2.120	2.473	2.583	2.921	3.252
17	0.689	1.191	1.740	2.110	2.458	2.567	2.898	3.223
18	0.688	1.189	1.734	2.101	2.445	2.552	2.878	3.197
19	0.688	1.187	1.729	2.093	2.433	2.539	2.861	3.174
20	0.687	1.185	1.725	2.086	2.423	2.528	2.845	3.153
21	0.686	1.183	1.721	2.080	2.414	2.518	2.831	3.135
22	0.686	1.182	1.717	2.074	2.406	2.508	2.819	3.119
23	0.685	1.180	1.714	2.069	2.398	2.500	2.807	3.104
24	0.685	1.179	1.711	2.064	2.391	2.492	2.797	3.091
25	0.684	1.178	1.708	2.060	2.385	2.485	2.787	3.078
26	0.684	1.177	1.706	2.056	2.379	2.479	2.779	3.067
27	0.684	1.176	1.703	2.052	2.373	2.473	2.771	3.057
28	0.683	1.175	1.701	2.048	2.369	2.467	2.763	3.047
29	0.683	1.174	1.699	2.045	2.364	2.462	2.756	3.038
30	0.683	1.173	1.697	2.042	2.360	2.457	2.750	3.030
40	0.681	1.167	1.684	2.021	2.329	2.423	2.704	2.971
60	0.679	1.162	1.671	2.000	2.299	2.390	2.660	2.915
120	0.677	1.156	1.658	1.980	2.270	2.358	2.617	2.860
∞	0.674	1.150	1.645	1.960	2.241	2.326	2.576	2.807

付表3　χ^2 分布表

$$P\{\chi^2 \geq \chi_0^2\} \to \chi_0^2$$

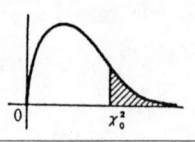

P\n	.99	.98	.975	.95	.90	.80	.70	.50	.30	.20	.10	.05	.025	.02	.01	.001
1	.00157	.00628	.00982	.00393	.0158	.0642	.148	.455	1.074	1.642	2.706	3.841	5.024	5.412	6.635	10.83
2	.0201	.0404	.0506	.103	.211	.446	.713	1.386	2.408	3.219	4.605	5.991	7.378	7.824	9.210	13.82
3	.115	.185	.216	.352	.584	1.005	1.424	2.366	3.665	4.642	6.251	7.815	9.348	9.837	11.34	16.27
4	.297	.429	.484	.711	1.064	1.649	2.195	3.357	4.878	5.989	7.779	9.488	11.14	11.67	13.28	18.47
5	.554	.752	.831	1.145	1.610	2.343	3.000	4.351	6.064	7.289	9.236	11.07	12.83	13.39	15.09	20.52
6	.872	1.134	1.237	1.635	2.204	3.070	3.828	5.348	7.231	8.558	10.65	12.59	14.45	15.03	16.81	22.46
7	1.239	1.564	1.690	2.167	2.833	3.822	4.671	6.346	8.383	9.803	12.02	14.07	16.01	16.62	18.48	24.32
8	1.646	2.032	2.180	2.733	3.490	4.594	5.527	7.344	9.524	11.03	13.36	15.51	17.53	18.17	20.09	26.13
9	2.088	2.532	2.700	3.325	4.168	5.380	6.393	8.343	10.66	12.24	14.68	16.92	19.02	19.68	21.67	27.88
10	2.558	3.059	3.247	3.940	4.865	6.179	7.267	9.342	11.78	13.44	15.99	18.31	20.48	21.16	23.21	29.59
11	3.053	3.609	3.816	4.575	5.578	6.989	8.148	10.341	12.90	14.63	17.28	19.68	21.92	22.62	24.72	31.26
12	3.571	4.178	4.404	5.226	6.304	7.807	9.034	11.340	14.01	15.81	18.55	21.03	23.34	24.05	26.22	32.91
13	4.106	4.765	5.009	5.892	7.042	8.634	9.926	12.340	15.12	16.99	19.81	22.36	24.74	25.47	27.69	34.53
14	4.660	5.365	5.629	6.571	7.790	9.467	10.82	13.339	16.22	18.15	21.06	23.68	26.12	26.87	29.14	36.12
15	5.229	5.985	6.262	7.261	8.547	10.31	11.72	14.339	17.32	19.31	22.31	25.00	27.49	28.26	30.58	37.70
16	5.812	6.614	6.908	7.962	9.312	11.15	12.62	15.338	18.42	20.47	23.54	26.30	28.85	29.63	32.00	39.25
17	6.408	7.255	7.564	8.672	10.09	12.00	13.53	16.338	19.51	21.62	24.77	27.59	30.19	31.00	33.41	40.79
18	7.015	7.906	8.231	9.390	10.87	12.86	14.44	17.338	20.60	22.76	25.99	28.87	31.53	32.35	34.81	42.31
19	7.633	8.567	8.907	10.12	11.65	13.72	15.35	18.338	21.69	23.90	27.20	30.14	32.85	33.69	36.19	43.82
20	8.260	9.237	9.591	10.85	12.44	14.58	16.27	19.337	22.78	25.04	28.41	31.41	34.17	35.02	37.57	45.32
21	8.897	9.915	10.28	11.59	13.24	15.45	17.18	20.337	23.86	26.17	29.62	32.67	35.48	36.34	38.93	46.80
22	9.542	10.60	10.98	12.34	14.04	16.31	18.10	21.337	24.94	27.30	30.81	33.92	36.78	37.66	40.29	48.27
23	10.20	11.29	11.69	13.09	14.85	17.19	19.02	22.337	26.02	28.43	32.01	35.17	38.08	38.97	41.64	49.73
24	10.86	11.99	12.40	13.85	15.66	18.06	19.94	23.337	27.10	29.55	33.20	36.42	39.36	40.27	42.98	51.18
25	11.52	12.70	13.12	14.61	16.47	18.94	20.87	24.337	28.17	30.68	34.38	37.65	40.65	41.57	44.31	52.62
26	12.20	13.41	13.84	15.38	17.29	19.82	21.79	25.336	29.25	31.80	35.56	38.89	41.92	42.86	45.64	54.05
27	12.88	14.13	14.57	16.15	18.11	20.70	22.72	26.336	30.32	32.91	36.74	40.11	43.19	44.14	46.96	55.48
28	13.56	14.85	15.31	16.93	18.94	21.59	23.65	27.336	31.39	34.03	37.92	41.34	44.46	45.42	48.28	56.89
29	14.26	15.57	16.05	17.71	19.77	22.48	24.58	28.336	32.46	35.14	39.09	42.56	45.72	46.69	49.59	58.30
30	14.95	16.31	16.79	18.49	20.60	23.36	25.51	29.336	33.53	36.25	40.26	43.77	46.98	47.96	50.89	59.70

$n > 30$ ならば $\sqrt{2\chi^2} - \sqrt{2n-1}$ の分布は正規分布 $N(0, 1)$ と見なしてよい。

引用・参考文献

1. 林知巳夫, 脇本和昌監訳:『確率・統計ハンドブック』, 森北出版, 1975年.
2. 木下栄蔵:『頭のムダ使い』, 光文社カッパサイエンス, 1983年.
3. 木下栄蔵:『笑いの科学』, 徳間書店, 1988年.
4. 木下栄蔵:『ギャンブルの数学』, コロナ社, 1989年.
5. 木下栄蔵:『好奇心の数学』, 電気書院, 1990年.
6. 木下栄蔵:『好き嫌いの数学』, 電気書院, 1991年.
7. 木下栄蔵:『オペレーションズ・リサーチ』, 工学図書, 1995年.
8. 木下栄蔵:『統計計算』, 工学図書, 1995年.
9. 木下栄蔵:『多変量解析入門』, 近代科学社, 1995年.
10. 木下栄蔵:『わかりやすい意思決定論入門』, 近代科学社, 1996年.
11. 木下栄蔵:『マネジメント・サイエンス入門』, 近代科学社, 1996年.
12. 木下栄蔵:『孫子の兵法の数学モデル』, 講談社ブルーバックス, 1998年.
13. 木下栄蔵編著, 海道清信, 吉川耕司, 亀井栄治著:『社会現象の統計解析』, 朝倉書店, 1998年.
14. 木下栄蔵:『入門 AHP』, 日科技連出版社, 2000年.
15. 木下栄蔵:『入門統計解析』, 講談社サイエンティフィク, 2001年.
16. 木下栄蔵:『入門数理モデル』, 日科技連出版社, 2001年.
17. 木下栄蔵:『Q & A で学ぶ確率・統計の基礎』, 講談社ブルーバックス, 2003年.
18. 木下栄蔵:『Q & A:入門意思決定論−戦略的意思決定とは何か−』, 現代数学社, 2004年.

索　引

[英数字]

3対1の法則	150
9対1の法則	164
AHP	182
Jジレンマゲーム	168
Lジレンマゲーム	170
t検定	120
t値	106
t分布	106
t分布表	107, 120
Wジレンマゲーム	171
χ^2検定	127
χ^2分布	129

[あ行]

一様分布	47
一対比較法	182
オネーギン	65
オペレーションズ・リサーチ	145
折れ線グラフ	80

[か行]

回帰直線	87
ガウスの誤差曲線	51
ガウス分布	50
確率	5
——の加法定理	6
——の基本法則	5
——パラドックス	26
確率分布	41
確率密度関数	129
加重平均	182
仮説	114
——の棄却	115
——の検定	115
——の採択	115
仮説検定	114
完全相関	94
ガンマ関数	129
幾何分布	41
期待回数	128
期待値	22
——の考え方	23
帰無仮説	115
吸引率	175
共分散	88
寄与率	181
クープマン	150
——の法則	151
区間推定	100
組合せ	9
傾向面分析	175
ゲーム理論	166
合成の誤謬	119
小売引力モデル	174
小売商圏問題	174

[さ行]

座標系	92

散布度	83	——主問題	136
サンプル調査	100	相関係数	91, 93
時間	134	相関図	92
指数分布	57	総合評価	180
実測回数	128	相殺効果	185
シミュレーション	175	相乗効果	185
弱者ゲーム	169		
囚人のジレンマ	168	[た行]	
自由度	128	第1種の過誤	115
順位相関係数	98	第2種の過誤	115
順列	9	代表値	83
順列組合せ	15	対立仮説	115
消費者	175	単純平均	181
ジレンマゲーム	168	中央値	97
信頼区間	103	強い相関	94
信頼水準	101	統計量	101, 129
信頼度	100	到着確率	44
推移確率行列	66	独立試行	21
推移グラフ	66	度数分布	88
推計モデル	175		
スピアマン	98	[な行]	
正規化	98	二項分布	36
正規分布	50		
正規分布曲線	51	[は行]	
正規母集団	117	バトルゲーム	138
正規マルコフ連鎖	72	ハフモデル	175
性能比	159	ピアソン	93
正の相関	92, 94	ヒストグラム	78
制約条件	135	費用	134
積集合	5	評価項目	180
積率相関係数	93	標準正規分布	51
絶対度数	80	——表	55
線形計画法	135	標準偏差値	83

標本分散	120
標本平均	120
比率の検定	124
ファジィ積分	185, 187
ファジィ測度	185
プーシキン	65
負の相関	92, 94
分散	48, 83
平均寿命	50
平均値	47
――の検定	114
平均値の差の推定	110, 113
平均利用時間	145
ベイズの定理	18
ベルトランの逆説	26
ポアソン分布	35
方略	166
母集団	100
母平均の差	110

[ま行]

待ち行列理論	145
マトリックス思考	137
マルコフ	65
――連鎖	65
満足度	134
ミニ・マックスの原理	166
無相関	98
メジアン	83
モンテカルロシミュレーション	29

[や行]

有意差	128
有意水準	115
余集合	6

[ら行]

ランチェスター戦略モデル式	150
ランチェスターの2次法則	158
ランチェスターの1次法則	153
ランチェスターの法則	151
リーダーゲーム	171
両側検定	116
類推法	174
累積度数グラフ	78

[わ行]

ワイフゲーム	173
和集合	5

木下栄蔵 （きのした　えいぞう）

1975年，京都大学大学院工学研究科修了．工学博士．
現在，名城大学都市情報学部教授．
2004年4月より2007年3月まで文部科学省科学技術政策研究所客員研究官を兼任．
2005年4月より2009年3月まで，さらに，2013年4月より名城大学大学院都市情報学研究科研究科長並びに名城大学都市情報学部学部長を兼任．
1996年日本オペレーションズ・リサーチ学会事例研究奨励賞受賞，2001年第6回AHP国際シンポジウムBest Paper Award受賞，2005年第8回AHP国際シンポジウムにおいてKeynote Speech Award受賞，2008年日本オペレーションズ・リサーチ学会第33回普及賞受賞．

問題解決のための数学
――わかる！確率・統計・戦略――

2014年2月20日　第1刷発行

著　者　木　下　栄　蔵
発行人　田　中　　健

発行所　株式会社　日科技連出版社
〒151-0051　東京都渋谷区千駄ヶ谷5-4-2
電　話　出版　03-5379-1244
　　　　営業　03-5379-1238〜9
振替口座　　　東京00170-1-7309

検印省略

Printed in Japan　　印刷・製本　三秀舎

© Eizo Kinoshita 2014　　ISBN 978-4-8171-9504-3
URL http://www.juse-p.co.jp/

本書の全部または一部を無断で複写複製(コピー)することは，著作権法上での例外を除き，禁じられています．